KB149182

[개정판]

푸드 코디네이션 개론

| 金憓英 著 |

도서출판 효 일
www.hyoilbooks.com

Preface

푸드 코디네이션이란 식품영양학적 지식을 바탕으로 조리와 음식, 이를 위한 푸드 스타일과 식공간 연출, 테이블웨어와 식사방법 및 테이블 매너에 이르기까지 상대방에 대한 예의를 갖추며 배려하는 마음을 가지고 음식문화 산업의 흐름을 주도하는 일의 총칭이다. 푸드 코디네이션은 그 외래어에서 나타나듯이 서양과 일본에서부터 체계화되어 왔다. 그러나 손님을 극진히 모시는 미풍양속과 어른을 모시고 생활하던 일이 당연하였던 우리나라는 일상의 상차림에서부터 회식이나 잔치 상차림에 이르기까지 맛있는 음식을 정성으로 준비하고 적당한 그릇에 담아 때와 장소에 맞는 상차림을 실천해 왔었다고 할 수 있다. 급속한 산업화와 경제의 발전과 함께 핵가족화하며 바쁘게 돌아가는 현실 속에서 한 박자 쉬어 가는 여유가 필요하게 되면서 최근 푸드 코디네이션이나 테이블 세팅, 식공간 연출 등에 대한 관심이 커지는 것은 당연한 일이라 생각된다.

이 책에는 푸드 코디네이션에 관심을 가진 분들과 학생들을 위해 기본적으로 알아야 할 지식들을 모아보았다. 먼저 상차림을 연출하기 위한 테이블 세팅에 대한 기본지식을 소개하였으며 저자가 수업 중에 학생들과 진행하였던 실용적인 테마들과 실습내용들을 정리하였다. 따라서 이 책에 소개된 사진들은 거의 모두 수업 중에 연출되었던 내용들로 구성하였으므로 전문적인 사진작업이 아니었음을 밝힌다. 오히려 이와 같은 작업이 아름답지만 멀게만 느껴지던 푸드 코디네이션이 일상생활 속에서도 약간의 발상의 전환으로 얼마든지 가능하다는 생각을 갖게 해 주는 계기가 되었으면 하는 바람이다. 부족함이 많으리라 생각하며 독자분들의 사랑과 관심에 더욱 부지런히 자료를 모아 새로운 내용으로 보충할 것을 다짐한다. 이 책이 나올 때까지 함께 도와준 대학 출강 강사인 이인선 선생님, 대학원생인 이승민군, 이지현양, 백수련양, 고민서양 및 박선빈양에게 진심으로 고마움을 전한다. 그리고 이 책이 나오도록 애써주신 도서출판 효일의 여러분들께도 깊은 감사의 뜻을 표한다.

저자 씀

contents

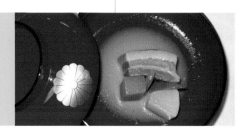

contents

01

푸드 코디네이션 개요

1 푸드 코디네이션

복잡한 현대의 생활 속에서 코디네이션(coordination)이라는 단어가 많이 사용되고 있다. 코디네이션은 다양하게 펼쳐진 요소의 우선순위를 고려하여 조화롭게 배열하고 정돈된 상태를 만들며 완성도 있게 보일 수 있도록 하는 것이다. 푸드 코디네이션은 푸드 코디네이터라는 말과 함께 쓰이기 시작하였으며 식품영양학적 지식을 바탕으로 식품과 조리, 테이블웨어와 식공간 연출, 식사방법 및 테이블 매너에 이르기까지 상대방에 대한 예의와 배려와 함께 음식문화 산업의 흐름을 주도하는 작업이다.

푸드 코디네이터는 창조적인 사고를 가진 사람으로 인간과 인간, 인간과 사물, 인간과 일을 연결하고, 관계를 정돈 · 배치하는 데 있어 진심으로 상대방을 배려하며, 세심하고 사랑하는 마음으로 쾌적하고 환대하는 분위기를 창조하는 사람이다. 또한 음식과 공간을 통해 스트레스를 발산하고 기분을 전환시키며 친절하고 즐거운 마음과 베푸는 마음을 전하여 사람들 사이의 유대관계를 돈독히 해주는 일을 한다.

그러므로 푸드 코디네이터는 음식에 관련된 전반적인 일을 담당하는 사람을 의미하며 요리 연구가, 테이블 코디네이터, 푸드 스타일리스트, 레스토랑 프로듀서, 라이프 코디네이터, 소믈리에, 플로리스트, 그린 코디네이터, 파티 플래너 같은 명칭으로 식공간 창출을 위해 활동하고 있는 사람들이라고 말할 수 있겠다.

2 푸드 코디네이터의 자세

푸드 코디네이터는 사람과 사람을 연계할 수 있는 능력을 길러야 하며, 주위 사람들을 중요한 재산으로 생각하는 자세가 필요하다. 또한 사람과 사람의 관계 형성, 새로운 소재들에 대한 관심, 자신의 일에 대한 프로의식을 가지고 있어야 하겠다.

푸드 코디네이션은 미국이나 유럽에서는 이미 정착된 개념으로 요리만 전담하는 메뉴 플래너, 조리된 음식을 조화롭고 예쁘게 담아내는 푸드 스타일리스트, 주변에 놓일 소품들을 담당하는 프롭 스타일리스트(prop stylist), 제과 · 제빵 스타일리스트등의 전문분야로 세분화 되어 있다. 또한 일본에서는 푸드 코디네이터들이 활동영역에 따라 푸드 스타일링, 테이블 데커레이션, 플라워 어레인지먼트, 파티 플래닝, 케이터링 등의 전문분야에서 활동하고 있다. 푸드 코디네이터가 갖추어야 할 기본적인 자세는 크게 다음과 같다.

1) 전문 지식

(1) 각 나라의 요리에 관한 역사 및 문화에 따른 식문화에 대한 전반적인 지식

(2) 식품재료와 조리에 대한 지식과 기술, 영양지식

(3) 메뉴계획 및 마케팅 · 상품 개발을 위한 푸드 매니지먼트의 지식

(4) 식기와 디스플레이를 위한 디자인감각과 색채의 지식

(5) 테이블 매너, 서비스 매너 습득

2) 훈련과 다양한 경험

(1) 전문 지식에 대한 관련분야에서의 실전 연습과 다양한 경험을 쌓기 위한 훈련

(2) 다양한 경험에 대하여 시각, 청각, 미각, 촉각 등의 오감을 이용한 실제 학습과 다양한 경험에 대한 실전연습과 학습효과 습득

(3) 다양한 공간에서 음식의 맛에 대한 독특한 체험 등을 통한 특히 좋았던 경험, 맛있었던 경험, 혹은 맛없었던 경험, 편안했거나 불편했던 경험에 대한 기록과 표현

3) 언어 능력

(1) 듣기 능력 : 먼저 상대방의 이야기를 잘 들어주어야 상대방과 친해지고 부드러운 대화가 가능해 질 수 있겠다. 듣기 능력 훈련을 통해 자신의 입장이 아닌 상대방의 입장에서 생각하고 공감한다.

(2) 대화 능력 : 대화를 통하여 정보를 수집하며, 상대를 파악해 상대의 의도를 앞서 갈 수 있는 능력을 훈련할 수 있고, 질문을 통해 자신을 표현하는 능력과 친밀감을 쌓는 훈련을 기를 수 있다.

(3) 네트워크 능력 : 혼자만의 경험은 제한적이므로 유능한 푸드 코디네이터는 자신의 부족한 점을 보충하기 위한 충분한 네트워크의 연결을 할 수 있도록 하여 많은 사람과 정보 및 새로운 아이디어를 공유한다.

(4) 음식에 대한 언어 표현 능력 : 음식의 외관, 냄새, 맛 및 조직감 등의 관능적 특성들을 말로 묘사하는 능력을 기른다.

(5) 프리젠테이션 능력 : 푸드 코디네이터는 자신의 기획안에 대한 적절한 프리젠테이션 능력을 가져야만 고객에게 인정받는 유능한 푸드 코디네이터가 될 수 있다.

4) 감각 능력

푸드 코디네이터는 대상에 알맞은 식재료를 선정하고 공간과 취향에 어울리는 요리를 창조하여 맛, 소리, 공간과의 배치를 디자인하듯이 조율하는 작업을 한다.

푸드 코디네이터는 자신의 감각을 이용하여 작업하기 때문에 개인의 감각적인 능력 습득이 매우 중요하다. 작업을 담당하는 코디네이터의 노력에 따라, 전문지식의 습득과 언어능력 이외에 창의적이면서도 감성이나 분위기, 통일감 있는 푸드 코디네이션 작업이 완성될 수 있다.

❸ 푸드 코디네이터의 분류

우리나라는 푸드 코디네이터의 역할이 아직 뚜렷이 구분되어 있지는 않다. 그러나 푸드 코디네이터는 다음과 같이 8가지 전문영역으로 전문적인 명칭에 따른 역할을 분류할 수 있다.

1) 메뉴 플래너(menu planner)

메뉴 플래너의 주요 담당 업무는 요리이다. 기획안의 테마에 어울리는 새로운 요리와 아이템에 어울리는 메뉴를 개발하고 완성된 요리를 그릇에 담아내는 일을 돕는 사람이다.

2) 푸드 스타일리스트(food stylist)

음식을 만들거나 혹은 이미 만들어진 요리를 보다 맛있어 보이도록 요리에 시각적인 생명을 불어넣는 전문가를 말한다. 요리와 주변을 소품으로 아름답게 꾸며 쾌적한 분위기에서 음식의 맛을 즐길 수 있도록 연출하여야 한다. 따라서 유능한 푸드 스타일리스트는 식품영양학적 지식을 바탕으로 요리에 대한 지식과 색채를 기본으로 하는 디자인 감각이나 공간 예술에 대한 감각도 가지고 있어야 하겠다. 푸드 스타일링을 할 때 고려해야 할 4가지 요소는 다음과 같다. 첫째, 소재의 점, 선, 면의 조화를 고려한다. 모두를 고려하기 어려우면 점보다는 선, 선보다는 면의 중요성을 고려하여야 한다. 둘째, 식기, 테이블, 린넨과 음식 등 소재를 통일한다. 겨울에는 린넨과 식기를 따뜻한 분위기의 소재로, 여름에는 시원한 분위기의 소재로 연출한다. 셋째, 색감의 조화를 고려한다. 넷째, 음식과 담길 식기 등의 세밀한 부분(detail)을 추가하여 푸드 스타일링을 완성한다. 즉, 푸드 스타일리스트는 음식 재료의 특성을 최대한 살릴 수 있고, 음식이 카메라 앞에서 가장 아름답게 보일 수 있도록 만드는 예술가라고 할 수 있다.

3) 테이블 코디네이터(table coordinator)

식문화를 고려하여 테이블 위에 올라오는 모든 것들의 색, 소재, 형태 등을 목적이나 테마에 맞게 기획하며 구성하는 전문가이다. 테이블 코디네이터는 음식과 주변 환경과의 조화를 고려할 수 있는 테이블 코디네이션의 전문가로서 보다 편안하고 아름다운 장소에서 보다 맛있는 식사를 할 수 있도록 공간과 식탁을 디자인하는 식공간 연출가이다.

4) 플로리스트(florist)

기획안과 테마에 어울리는 꽃을 선별하여 연회장이나 특별한 행사의 분위기에 어울리는 플라워 디자인을 계획하고 세팅하는 전문가이다. 플로리스트는 꽃꽂이에 대한 전문지식을 기본으로 그날의 요리, 행사의 목적과 분위기에 어울리는 꽃 장식을 담당한다.

5) 파티 플래너(party planner)

고객의 파티 주제에 맞추어 기획부터 진행까지의 총연출을 담당한다. 파티 플래너는 모임의 목적이 돋보이도록 음식메뉴와 제공방법을 기획한다. 즉, 파티를 위한 공간과 시간을 경영하고 총 관리 진행한다.

6) 레스토랑 프로듀서(restaurant producer)

개업 예정인 레스토랑의 컨셉 설정부터 메뉴 플래닝, 접객서비스 방식, 개업식을 위한 이벤트행사나 메뉴 시식회 등과 관련된 일들을 총괄 기획하고 연출하는 사람을 말한다.

7) 티 인스트럭터(tea instructor)

 차와 관련된 전문가이다. 차의 종류와 차 준비하는 법, 마시는 법 등 차에 관한 전반적인 지식과 차와 어울리는 디저트, 차를 이용한 다양한 응용 차를 소개하는 전문가이다. 최근 국산 차에 대한 관심이 커지면서다도에 대한 관심이 높아져 교양과 예절로 다도를 교육하는 기관들이 늘어나고 있다.

8) 푸드 라이터(food writer)

요리 레시피, 푸드 스타일 혹은 테이블 코디를 소개하거나 기사를 쓰는 사람이다. 외국의 요리 관련 기사나 식문화를 신문이나 잡지에 소개하는 일을 한다.

위와 같이 다양한 전문분야에서 활동하는 푸드 코디네이터의 역할을 요약하면 요리기술 전반에 대한 지식을 가지고, 요리 개발, 테이블 코디네이션, 점포의 개발 및 경영 컨설팅, 이벤트, 파티, 연회 기획, 라디오, 텔레비전 방송 기획, 요리책, 잡지 등의 출판물 기획 및 연출의 일을 담당 할 수 있는 종합예술인을 의미한다. 또한 식품회사 마케팅, 식기, 조리기구, 주방기기를 개발 제안하고 식재 개발, 판매촉진에 관여하기도 한다.

④ 테이블 코디네이션 (Table Coordination)

테이블 코디네이션은 우리말로 하면 식탁 연출보다는 식공간 연출이라 할 수 있겠다. 식공간 연출이란 말은 TV나 잡지 광고 등 어디에서나 흔히 들을 수 있으나, 아직까지는 듣고 보는 것을 응용하여 실생활에서 쉽게 적용할 수 있는 상황은 아닐 것이다. 예쁘고 비싼 고급스런 식기들과 세트들은 일반인이 쉽게 구하기 어려운 것들이 대부분이기 때문이다. 식공간 연출 혹은 테이블 코디네이션은 식사를 할 때에 단순히 신체적 건강을 위한 영양의 보충뿐만 아니라 쾌적한 식사환경에서 편안한 대화를 할 수 있도록 하여 정신적으로도 만족함을 느낄 수 있게 공간을 연출하는 것을 말한다. 따라서 좁은 의미로는 식사에 필요한 소품의 조화있는 배열과 정성이 깃들인 상차림을 준비하는 것으로부터, 넓은 의미로는 쾌적하고 편안한 식탁을 위하여 공간과 식탁과의 조화와 균형의 관계 및 주변장식을 하는 것을 의미한다.

최근에는 가정 생활문화의 질을 높이기 위한 연구부터 지속성과 경제성을 추구하는 호텔, 레스토랑 등의 마케팅 그리고 문화적 접근으로서의 식공간 디자인에 이르기까지 점차 그 영역을 넓혀가고 있다.

1) 테이블 코디네이션에서 고려해야 할 점

시각적인 면 뿐만 아니라 촉각, 청각, 후각, 미각 등 오감의 조화가 이루어진 코디네이션을 하려면 연령, 성별, 생애주기에 따른 식사의 지향, 취미, 경제력 등의 생활환경을 고려하여야 한다. 또한 시간, 장소, 목적(time, place, objectives : T.P.O.)에 따른 기본 개념을 정하여, 6W1H 원칙의 구성 요건을 갖출 수 있는 메뉴와 그에 따른 테이블을 계획하고 구성한다.

(1) 생애주기(life cycle)에 따른 식공간 연출

생애주기에 따라 연령층, 가족 구성, 식사의 기호도, 취미, 경제력 등의 차이가 다르게 나타난다. 생애주기에 맞는 식공간 연출은 식공간 연출가의 연출력에 따라 경우마다 다르다. 20대이면서 결혼 전이라면 개인의 취향을 고려하여 혼자만의 여유와 넉넉함을 즐길 수 있는 식공간을 연출하며, 결혼을 한다면 식구와 함께 신혼의 달콤함이 있는 식공간과 임신과 출산을 통한 육아 개념의 식공간을 고려한 연출을 한다. 30대 핵가족의 경우에는 자녀 위주의 식공간을 위한 테이블 세팅이 주로 연출 되는데, 간편한 그릇 사용과 인스턴트식품의 사용횟수가 증가하며 자녀 위주의 식품과 요리, 소품으로 꾸며진 식공간을 주로 꾸미게 된다. 40대에는 외식이 많아지며, 질보다 양적 충족을 위해 많은 양의 식사준비에 어울리는 테이블 세팅을 주로 연출한다. 생활의 여유가 된다면 식기 등에 관심을 갖게 되어 가족 행사 시에 기본적인 테이블 세팅 세트의 마련도 고려하게 된다. 50대에는 인스턴트식품의 사용은 감소하게 되며 건강식 위주의 식탁으로 전환되는 시기로, 생활수준과 경제력이 안정되는 시기이며 이에 따라 슬로우푸드와 웰빙개념이 있는 테이블 세팅과 식공간 연출에 대한 관심이 시작된다. 60대에는 외국의 경우 경제적인 여유로 식사시간 비중이 커짐에 따라 테이블 세팅에 대한 욕구가 생기고 기념일에는 돋보이는 식탁연출이 이루어진다. 식공간 연출 시 목적에 어울리는 메뉴나 내용을 결정하기 위해 다양한 정보를 수집한다.

(2) 시간, 장소 및 목적(T.P.O.)에 따른 기본 개념

① 시간(Time)

음식과 식공간을 연출하는 시간이 언제인가가 세팅 컨셉을 정하는 데 중요한 역할을 한다. 오전, 오후, 밤 시간대별로 테이블웨어의 색채와 소재를 다르게 한다. 또한 이에 따라 가벼운 메뉴와 무거운 메뉴 등의 음식이 결정되므로 시간대를 정하는 것은 매우 중요하다.

② 장소(Place)

먹는 장소, 즉 공간 연출 장소가 어디냐에 따라서 달라진다. 리빙룸 혹은 다이닝룸에서 먹는 경우와 야외에서 먹는 경우 등 장소에 따라서 테이블의 형태나 크기, 서빙 방식 등이 다르게 결정된다.

③ 목적(Objectives)

누구를 대상으로 이루어질 것인가를 결정하는 것도 아주 중요하다. 음식을 먹는 주체가 누구이며, 어떤 목적을 위하여 테이블 세팅을 하는가 하는 기획 의도를 정확히 파악한 후 테이블을 연출할 수 있어야 한다.

(3) 6W1H 원칙의 구성 요건

① 누가(who)

누가 먹을 것인가를 고려한다.

식사를 하는 사람의 연령층, 개인 건강상태, 기호도에 따른 세팅을 계획한다.

② 누구와(with whom)

누구와 먹을 것인가를 고려한다.

이는 식사공간과 밀접한 관계가 있는 요소이다. 좌석의 위치 결정이나 분위기 결정이 가능하다.

③ 언제(when)

언제 먹을 것인가를 고려한다.

기본적으로 1일 3식이 권장되고 있으나 연령이나 식습관, 개인의 생리상태에 따라 식사시간의 리듬은 변할 수 있다. 하지만 대부분의 인간은 체내시계에 따라 아침, 점심, 저녁으로 나누어 바이오리듬과 식사시간 리듬이 밸런스를 맞추고 있다. 이에 따라 중식(重食)과 경식(輕食)을 나눌 수 있어야 한다.

④ 어디에서(where)

어디에서 먹을 것인가를 고려한다.

식사를 제공하는 장소가 어느곳이냐에 따라서 서빙 방식, 테이블 형태, 커트러리, 센터피스 등이 결정된다.

⑤ 무엇을(what)

무엇을 먹을 것인가를 고려한다.

메인요리가 무엇이냐를 결정하는 것은 매우 중요하다. 여기서는 첫째 요소인 who에서 파악된 상대의 기호도를 반드시 체크하도록 하고, 유행하는 음식 트랜드에 맞는 요리를 만들어 제공할 수 있어야 한다.

⑥ 왜(why)

무엇을 위하여 먹을 것인가를 고려한다.

영양학적인 동기, 더욱 맛있게 먹기 위한 심리만족과 기호적인 동기, 건강증진을 위한 동기, 즐거운 상호교류의 장을 만들기 위한 동기 등 여러 가지 이유에서 음식을 만들고 식공간이 연출된다.

⑦ 어떻게(how)

어떻게 먹을 것인가를 고려한다.

위의 조건에 따라 요리를 결정하고 식사도구를 결정하며 서빙 방식, 어울리는 배경음악 등 테이블 코디네이션을 하기 위한 마무리 작업을 한다.

2) 미래의 푸드 코디네이터

21세기를 향한 미래의 푸드 코디네이션의 방향은 여성의 사회생활이 당연해지고 슬로우 푸드의 중요성이 함께 어울려, 단체급식과 외식산업에서도 쾌적한 환경에서 집에서 준비한 것처럼 위생적이고 미적·영양적으로 조화로운 음식을 추구하는 시대에 부응할 것으로 생각된다. 시대가 변하고 추구하는 푸드 코디네이션의 방향이 바뀌더라도 먹기 쉽고 서비스하기 쉬우며 아름다움을 추구하는 기본적인 생각은 바뀌지 않을 것이다. 이에 영양과 건강, 음식의 위생 안전성과 건전성, 새로운 기능성 식품 등의 이용방법에 대한 정보제공이나 어드바이스를 담당하는 것도 푸드 코디네이터의 새로운 업무분야이며 미래에는 건강지킴이로서 식문화를 선도하는 푸드 코디네이터의 역할이 기대된다.

● 미래의 푸드 코디네이터 경향

① 종래의 고전주의적 양식, 동양주의적 양식에 전통주의적 양식을 더한다.

② 신동양주의(new orientalism)적인 분위기를 더한다.

③ 포멀(formal)과 캐주얼(casual)이 어우러진 코디네이션을 추구한다. 현대는 남녀의 입장이 대등해지고, 빠르고 간편한 것을 추구하면서 전통적인 포멀세팅(formal setting)보다는 캐주얼이 가미된 세미포멀(semi formal) 식탁연출이 많아지고 있다.

④ 중국이 경제대국으로 떠오르며 세계는 아시아에 주목하고 있다. 색다른 자재 등을 사용하여 만든 베트남 제품이 유행하고 있으며, 태국의 실크류, 봉제기술, 발리섬의 대나무가 이용되고 있다.

⑤ 친환경적 코디네이션을 추구한다.

⑥ 간소화된 식탁을 추구한다. 20세기 말은 다중색의 컬러풀한 진한 색감이 사용된 19세기 말과는 대조적으로 모던 이미지에서 정착한 단색적인 모노크롬계가 인기를 끌면서 플라스틱 등의 투명감 있는 소재가 유행하고 인공적인 감각이 주류를 이룬다. 최소한의 선을 강조하며 최소량을 정하여 전개되는 심플주의는 인테리어나 코디네이션 전 분야에 각광받게 된다. 예를 들어, 커트러리(나이프, 포크, 스푼 등)도 과거의 화려한 문양에서 간결한 선을 강조하는 등 극단적인 단순미를 추구하게 된다.

⑦ 젠(Zen) 스타일 식탁이 관심을 끈다. 19세기 말이 그림의 재패니즘이었다면 20세기는 식탁의 재패니즘 현상이 일어나 일본풍의 젠 스타일(zen style)이 크게 각광받게 되었다. 19세기 곡선주의에서 20세기 직선이 강조되면서 접시와 볼 등도 단순한 문양과 형태에 자연미가 첨가되어 나타난다. 자연적이면서 심플한 분위기를 존중한 것의 결과일 것이다. '젠'은 '선'의 일본식 발음으로 정결하고 고요한 느낌, 절제미와 단순이론을 추구하며 동양적인 간결한 여백의 미를 중

요시하는 단정한 이미지 스타일을 말한다. 20세기 후반 동양의 정통 공간미를 추구하는 오리엔탈리즘과 서양의 미니멀리즘의 중성적인 멋을 살리는 것에서 젠스타일이 생겨났다.

이 새로운 흐름은 자연주의 흐름과 맞물려 신세대 젊은층뿐만 아니라 청장년층에도 강하게 어필되고 있다.

젠 스타일 상차림

02

식문화와 푸드 코디네이션

1 세계의 식생활 문화

세계화는 여러 국가와 민족이 지구촌에서 더불어 살아감을 의미한다. 음식 섭취는 생존을 위해 가장 기본적으로 이루어져야 하므로, 다른 나라의 음식문화를 이해한다면 개인이나 국가 간에 친밀한 관계가 쉽게 이루어질 수 있다.

인간은 수렵이나 채집, 목축, 농업, 어업 등의 수단으로 환경에 적극적으로 대응하여 먹거리를 확보해왔다. 이렇게 얻은 먹거리를 조리하고 가공하여 다양한 음식을 위생적으로 만들고, 완성된 음식을 편안하게 먹기 위해 도구, 그릇, 상, 식탁 등을 사용하였다. 음식문화(飯食文化)는 식품을 조리·가공하고 식사행동 체계를 통합하는 문화이다. 음식문화의 연구는 음식의 재료가 되는 식품의 획득 방법과 종류, 식품의 조리·가공법, 식기류, 상차림 및 음식을 먹는 방법 등에 대한 많은 정보를 주기 때문에, 음식문화를 통해 한 국가의 역사, 관습 및 전통 등을 보다 쉽게 이해할 수 있다. 세계 속에 다양한 민족은 각기 다른 자연환경 속에서 제각기 발달시켜온 음식을 특유의 방법으로 먹으며 식생활을 영위하고 있지만 살고 있는 환경조건이 다르면서도 공통적인 특성을 지니고 있다. 주식과 먹는 방법에 따라 국가나 민족의 식생활을 분류하여 볼 수 있다.

1) 주식에 따른 분류

원시시대 인간은 먹을 것을 찾아 이동하면서 동·식물을 채취하여 먹으며 살았다. 식물의 종자·뿌리·줄기를 먹으면 힘이 생긴다는 것을 알게 되었고, 그것을 심으면 더 많은 양을 수확할 수 있음을 오랜 경험으로 깨달아 왔다. 따라서 먹을 것을 찾아 이동하기보다는 물이 많고 기후가 좋으며 토질이 우수한 곳을 찾아 정착하고 농사를 지었다.

보리는 기원전 7,000년경에, 밀은 기원전 6,000년경 그리고 벼는 기원전 5,000년경부터 재배를 시작하였다. 인간이 관리하기 쉬운 동물을 사육하면서 농경에 도구로 쓰거나 동물의 고기, 젖, 알, 가죽 및 털을 이용하는 목축을 하게 되었다. 목축은 기원전 9,000년경에 성질이 온순하고 무리를 이루는 양과 염소에서 처음 시작되었고, 기원전 8,000년경에는 돼지를, 기원전 6,000년경에는 소를 사육하였다. 세계 인구의

1/3은 쌀을, 1/3은 밀을, 나머지 1/3은 보리, 호밀, 옥수수, 감자 그리고 고구마 등을 주
식으로 활용한다. 정착한 지역의 자연환경에 따라 주식이 다르기 때문에 주식을 기준
으로 식생활 문화권을 나눠볼 수 있다.

(1) 밀을 주식으로 하는 문화권

밀은 기원전 6,000년경 중근동과 카스피해 연안 등지의 건조한 지역에서 재배
를 시작하였다. 그리고 인도 북부·파키스탄·중동·중국 북부·북아프리카·
유럽·북아메리카 등에서 주식으로 이용하고 있다. 밀은 가루로 만든 다음 빵이
나 국수로 만들어 이용한다. 밀은 건조한 곳에서 재배되고 수확량이 적으므로,
목축을 병행하여 동물성 식품을 상대적으로 많이 섭취하는 특징이 있다.

(2) 쌀을 주식으로 하는 문화권

벼를 재배하는 지역은 서아시아 일부 지역과 동남아시아와 동북아시아 등지이
다. 따라서 인도 동부와 방글라데시·미얀마·태국·라오스·캄보디아·베트
남·말레이시아·인도네시아·필리핀 및 중국 중남부와 대만·한국·일본은 쌀
을 주식으로 한다.

(3) 옥수수를 주식으로 하는 문화권

멕시코가 원산지이다. 주로 미국의 남부와 멕시코, 페루, 칠레 및 아프리카 지역
에서 주식으로 이용된다. 멕시코에서는 옥수수가루를 반죽하여 둥글고 얇게 펴
서 구워 먹으며, 페루나 칠레에서는 낱알 그대로 또는 거칠게 갈아서 죽을 쑤어
먹는다. 아프리카에서는 옥수수가루를 수프 또는 죽으로 이용하기도 한다.

(4) 서류를 주식으로 하는 문화권

마·토란·고구마 등의 서류는 특별한 기술이 없어도 다량 재배할 수 있기 때문
에 동남아시아와 태평양 남부의 여러 섬에서 주식으로 이용된다. 서류를 대표하

는 또 다른 곡류인 감자는 안데스 산맥이 원산지이다. 감자는 1550년경 유럽에 전래되어 현재는 유럽의 여러 국가에서 밀과 함께 주식으로 이용되고 있다.

2) 먹는 방법에 따른 분류

국가나 민족마다 자연에서 얻을 수 있는 먹거리의 특징에 의해 음식을 먹는 방법이 달라진다. 먹는 방법을 기준으로 할 때, 지구상의 식생활 문화권은 음식을 손으로 집어서 먹는 수식 문화, 숟가락이나 젓가락을 이용하여 음식을 먹는 수저식 문화 그리고 나이프, 포크, 스푼을 쓰는 문화의 세 가지 문화권으로 나뉜다.

(1) 수식 문화권

수식 문화권은 전 세계 인구 중 약 24억으로 약 40%를 차지한다. 이슬람교권·힌두교권·동남아시아·서아시아·아프리카·오세아니아(원주민)의 일부 지역에 해당한다. 다른 문화권에서는 비위생적이고 원시적이라고 생각할 수 있으나 그들만의 엄격한 수식 매너가 있다. 이슬람교 또는 힌두교를 믿는 지역에서는 음식을 반드시 오른손으로 먹는 식생활 문화가 지켜지고 있다. 중세의 유럽에서는 상류층에서도 큰 그릇에 담긴 음식물을 손으로 먹거나, 가장이나 연장자가 도구를 써서 개인에게 나눠주면 손으로 음식을 먹는 것이 일반적이었다.

(2) 수저식 문화권

수저식 문화권은 전 세계 인구 중 약 18억으로 약 30%를 차지한다. 동아시아의 중국문명 중 화식(火食)에서 시작하여 한국·일본·중국·대만·베트남의 지역유교 문화권이 수저를 사용하는 수저식 문화권에 속한다. 중국과 한국은 수저를 함께 사용하며 일본은 젓가락만 사용한다. 중국의 경우 원대(元代)까지는 밥을 먹을 때 숟가락을 썼으나 그 이후에는 밥은 젓가락으로 먹고 숟가락은 수프 전용 도구가 되었다.

한국·일본·베트남 중 한국은 수저를 동시에 상에 놓고 국물이 있는 음식과 밥은 숟가락을 써서 먹는다. 일본은 젓가락만으로 음식을 먹는 전통을 형성하여 국을 먹을 때는 국그릇을 들어올려 입으로 직접 마신다. 각 나라의 음식문화에 따른 각각의 특징들을 아래 표에 제시하였다.

〈한국, 일본 및 중국의 젓가락 특징〉

	한 국	일 본	중 국
이 름	젓가락	하시	콰이즈
재 료	금속	나무	플라스틱, 대나무
모 양	납작하며 위쪽과 아래쪽 굵기의 차이가 적다.	끝이 뾰족하고 길이가 짧다. 위쪽과 아래쪽 굵기의 차이가 크다.	끝이 뭉뚝하고 길이가 길다. 위쪽과 아래쪽 굵기의 차이가 거의 없다.
용 도	차고 더운 음식을 다양하게 먹기에 적당하다.	생선을 먹기에 적당하다.	기름지고 뜨거운 음식을 먹기에 적당하다.

(3) 나이프 · 포크 · 스푼식 문화권

나이프 · 포크 · 스푼식 문화권은 전 세계 인구 중 약 18억으로 약 30%를 차지하는데, 유럽 · 러시아 · 북아메리카 · 남아메리카 지역이 이에 해당한다. 17세기 프랑스 궁정요리 과정에서 확립하였으며 빵은 손으로 먹는다.

16세기경부터 이탈리아와 스페인의 상류사회에서 개인용 나이프 · 포크 · 스푼을 사용하여 음식을 먹었고 18세기에 가서야 포크가 대중적인 도구가 되었다. 독일 · 프랑스 · 영국 · 북유럽에서는 17세기 이후에야 도구의 사용이 대중화되었고, 19세기 말까지도 손으로 음식을 집어먹는 습관이 남아 있었다. 유럽에서 비롯된 나이프 · 포크 · 스푼을 사용하는 식생활 형태는 북 · 중 · 남아메리카, 호주 등으로 이민 온 백인들을 통해 급속히 확산되었다.

개체 단위로 먹는 행위가 이루어지는 동물과는 달리 인간은 가족이나 친지와 함께 음식을 먹음으로써 먹는 즐거움을 누리는 사회적 동물이다. 따라서 음식물을 입에 넣는 방법, 식탁과 식기, 식탁의 경우 자리에 앉는 순서, 음식의 상차림과 먹는 순서, 손님 접대 방법 및 식사에 관한 금기사항 등이 각 나라의 문화에 따라 모두 다르다. 인간의 식생활은 자신이 살고 있는 자연 속에서 얻은 식품, 사회·종교적 규범 그리고 음식을 함께 먹는 사람들과의 관계를 통해 이루어지므로 각 국가마다 음식문화는 다를 수밖에 없다.

② 우리나라의 음식문화

한민족의 선조는 구석기시대를 전후하여 중앙아시아 지역에서 한반도에 정착한 몽골족이다. 우리나라는 전체 면적이 약 22만km2로서 북위 33~43°에 남북으로 950km에 걸쳐 있다. 2002년 말 통계에 의하면 우리나라 인구는 약 4,770만 명으로 세계 25위이며 북한은 2,270만 명으로 세계 47위이므로 합하면 7,040만 명으로서 세계 17위에 달한다. 온대기후에 사계절의 구분이 확실하며 기온·습도·강우량이 벼농사에 좋은 조건으로 곡류가 주식이 되었다. 또한 삼면이 바다로 둘러싸여 어업기술이 발달하였다. 여름철의 고온과 장마, 남북의 기온 차이, 일조 시간이 많고 건조한 계절은 밭작물에 적합한 환경을 조성하였다. 계절에 따라 생산되는 생선, 곡류, 두류, 채소 등을 사용하여 다양한 부식을 만들었고, 남은 식품재료는 장류, 김치, 젓갈 같은 발효식품으로 만들어 저장해두고 먹었다. 절기에 따라 명절음식과 계절음식을 만들어 가족과 이웃이 나누어 먹는 풍습이 있고, 지역마다 특산물을 활용한 향토음식도 발달하였다. 대륙과 해양에서 문화를 받아들이고 전해줄 수 있는 지리적 위치에 있어 다양한 음식문화가 발달하였다. 곡물농사에 적합한 기후와 풍토 속에서 공동체를 이루는 생활을 하였던 삼국시대 후기부터 밥을 주식으로 하여 반찬과 함께 먹는 식생활 형태를 형성하였고, 채소를 소금에 절여 먹는 김치가 있었다. 또한 다양한 곡류로 밥·죽·떡·국수·술·엿·식혜·고추장·된장 등의 곡류 가공 식품이 발달하였다. 통일신라시대에는 국가적으로 불교를 숭배하는 정책으로 인해, 식생활에서 육식은 쇠퇴하고 채소음식과 차(茶)가 발달하였다. 고려시대에는 송·여진·몽고 등 북쪽의 여러 국가와 교역이 활발하였으며, 소금·후추·설탕 등이 우리나라에 들어왔다. 조선시대에는 유교문화가 정착되면서 효를 근본으로 조상을 중요시하고 가부장제도에 따른 식생활을 중요시하였다. 현재와 같은 한국의 전통 식생활은 조선시대에 체계가 잡혔다. 외국과의 교역을 통해 옥수수, 땅콩, 호박, 토마토, 고구마, 감자, 고추 등을 유입하였다.

1) 우리나라 음식문화의 특징

유교 사상의 영향으로 유교 의례를 중요하게 여겨서 통과의례(通過懷禮)에 따라 잔치나 제례음식의 차림새가 정해져 있다. 사계절에 따른 시식(時食)과 절식(節食)이 있으며 일반적으로 다음과 같은 특징이 있다.

① 준비된 음식을 한 상에 모두 차려놓고 먹는다.

② 밥이 주식이고, 부식으로 반찬을 곁들여 먹는다.

③ 국물이 있는 음식을 즐긴다.

④ 반찬의 조리법으로는 구이, 전, 조림, 볶음, 편육, 나물, 생채, 젓갈, 장아찌, 찜, 전골 등이 있다 .

⑤ 김치, 장아찌, 장, 젓갈 등의 발효식품을 많이 섭취한다.

⑥ 식품 자체의 맛보다 조미료와 향신료를 써서 복합적인 맛을 즐긴다. 갖은 양념이라고 하여 간장, 파, 마늘, 깨소금, 참기름, 후춧가루, 고춧가루 등을 용도에 따라 음식에 사용한다.

⑦ 음식 재료는 잘게 썰거나 다지는 방법을 많이 쓴다.

2) 향토 음식

향토 음식은 지역사회의 서민과 대중 사이에서 대대로 만들어져 먹어온 것으로 맛과 특성을 지닌 음식을 말한다. 따라서 향토 음식은 그 고장의 풍토적 특성과 역사적 전통을 지니며 그 고장만의 특색을 가지므로 향토 문화를 대표한다고 할 수 있다.

우리나라 향토 음식은 다양한 자연환경에 따라 발달하였다. 우리나라는 지역에서 생산하는 특산물로 그 지역에서만 전해 내려오는 고유한 조리법을 이용해 토속음식을 만들었다. 인적·물적 교류가 많아지면서 음식의 차이가 적어졌지만, 아직도 각 지역마다 특색이 있는 향토 음식이 전승되고 있다. 지금은 남북으로 나뉘어져있으나 한국음식은 조선시대풍의 요리가 남아있는데 서울·개성·전주의 음식이 가장 다양하고 화려하다.

지방마다 음식의 맛이 다른 것은 지방의 기후와 밀접한 관계가 있다. 서해안에 면해 있는 중부와 남부의 내륙지방은 쌀 농사를 많이 하여 쌀밥과 보리밥이 주식이었다. 남쪽으로 갈수록 음식의 간과 매운 맛이 강하고, 조미료와 젓갈을 많이 쓰는 경향이 나타나며, 여러 종류의 음식을 조금씩 만든다. 북쪽으로 갈수록 산이 많아 밭농사에 의한 잡곡 생산이 많고, 음식의 간은 싱겁고 매운맛이 덜하며, 젓갈을 쓰지 않아 맛이 담백하고, 음식의 종류는 적지만 크기가 크고 양은 푸짐하다.

생활 수준의 향상으로 오늘날 서구적인 음식 맛이 우리의 음식문화를 지배하고 있는 것이 현실이다. 그러나 다양한 음식 맛을 추구하게 되면서 우리 고유 음식의 별미에 대한 관심이 점점 높아지고 있다. 조상 대대로 물려 받은 우리의 향토 음식을 살리고 발전시켜 우리의 전통 문화를 보전하며 외래 식문화를 우리에 맞게 받아들여 독자적으로 개성있게 조화·발전시켜 후대에 물려 줄 수 있는 기반을 마련하여야겠다.

(1) 서울 음식

서울은 500년 이상 조선시대의 도읍지였기 때문에 아직도 서울 음식에는 조선시대 음식의 특징이 남아있다. 서울지역에서 생산되는 산물은 별로 없으나 서울이 오랫동안 나라의 중심도시였기 때문에, 전국 각지에서 생산된 각종 음식 재료들이 모여들었다. 따라서 다양하고 화려한 음식을 만들었는데, 음식은 크기가 작고 모양을 예쁘게 하여 멋을 내었으며, 양은 적고 가짓수를 많이 만들었다. 궁중음식이 일반 가정에 많이 전해졌기 때문에, 서울 음식은 조선시대의 궁중음식과 비슷한 것이 많다.

대표음식으로는 장국밥, 국, 꼬리곰탕, 탕평채, 너비아니구이, 닭찜, 갈비찜, 신선로, 화전, 약식, 다식, 식혜, 오이선, 통배추김치, 나박김치 등이 있다.

(2) 경기도 음식

고려시대의 중심도시였던 개성의 음식은 서울 음식, 전주 음식과 더불어 우리나라에서 가장 화려하고 다양하다. 음식을 만들 때 여러 가지 재료를 쓰고 정성을 많이 들인다. 음식의 간이나 양념은 서울 음식과 비슷한 편이지만 인접 지역에 따라 차이가 있으며, 개성을 제외하고는 음식이 대체로 소박하다.

대표음식으로는 조랭이 떡국, 비늘김치, 보쌈김치, 개성편수, 공릉 장국밥, 우매기, 용인 외지, 이천 게걸무김치, 쑥굴레, 근대떡, 의정부 떡갈비 등이 있다.

(3) 충청도 음식

충청도 지방은 논·밭 그리고 하천에 근접한 지역이 많아 농업이 주가 된 지역으로 곡물과 채소 및 민물고기를 이용한 음식이 많다. 재료가 다양하지 못해 음식발달이 미비한 편이나 꾸밈이 없고 양념도 많이 쓰지 않아 담백하고 구수하며, 순하며 소박한 음식이 많고, 음식의 양이 많은 편이다. 조미료 중에는 된장을 즐겨 사용한다.

대표음식으로는 콩나물밥, 청국장찌개, 제육고추장구이, 호박범벅, 녹두편, 청포묵, 올갱이국, 굴깍두기, 석박지, 청포묵국, 쇠머리떡, 찹쌀미수, 복숭아 화채 등이 있다.

(4) 강원도 음식

강원도는 지역에 따라 기후와 지세가 서로 다르기 때문에 식생활에도 차이가 있다. 산악지방은 옥수수, 감자, 메밀이 많이 생산되며, 영동 해안지방은 싱싱한 해산물이 풍부하다. 이와 같이 식품재료에 차이가 있으나 대체적으로 생태, 오징어, 해조류, 산나물 등을 이용한 음식이 많다. 육류나 젓갈을 적게 쓰고 멸치나 조개를 넣어 음식의 맛을 내기 때문에 맛이 극히 소박하고 담백하다.

대표음식으로는 감자밥, 강냉이밥, 감자수제비, 감자 송편, 황태구이, 오징어구이, 오징어순대, 산나물, 더덕 생채, 메밀묵, 메밀막국수, 창란젓깍두기, 오징어무말랭이김치 등이 있다.

(5) 전라도 음식

전라도는 호남평야의 풍부한 곡식과 여러 가지 해산물, 채소 등 재료가 풍부하므로 다른 지방보다 음식의 종류가 많으며, 음식에 많은 정성을 들여 화려하고 사치스러운 다양한 음식을 만든다. 또한 선비들의 유배지로 유명하여 선비들의 풍류가 발달하였으며, 조선조 양반가의 고유의 음식법을 전수받았다. 특히 전주 음식은 집안 대대로 전수되는 맛으로 소문이 나있으며, 반찬 가짓수가 많은 상차림으로 유명하다. 젓갈, 김치 등 발효식품이 발달하여 다양한 젓갈을 이용하여 음식을 만들므로 감칠맛이 강하고, 짭짤하며, 매운 음식이 발달하였다. 대표음식으로는 전주비빔밥, 콩나물밥, 추어탕, 홍어찜, 낙지호롱(구이), 붕어조림, 꼬막무침, 머위나물, 콩나물잡채, 부각, 미나리강회, 산자, 갓김치, 고들빼기김치, 두루치기, 호박고지, 시루떡 등이 있다.

(6) 경상도 음식

해산물이 풍부하여 고기라고 하면 물고기를 가리킬 만큼 생선을 많이 먹는다. 지역의 해산물, 담수어 또는 콩을 이용한 음식이 많다. 곡물음식 중에는 국수를 즐기는데 밀가루에 날콩가루를 섞어서 만든 국수를 멸치나 조개국물에 끓인 제물칼국수가 유명하다. 대체로 음식은 맵고, 간은 센 편이며, 음식에 멋을 내지 않아 소박하다. 대표음식으로는 진주비빔밥, 통영비빔밥, 헛제삿밥, 해물파전, 닭칼국수, 조개국수, 대구탕, 홍합초, 상어산적, 재첩국, 미더덕찜, 아구찜, 안동식해, 깻잎김치, 콩잎김치 등이 있다.

(7) 제주도 음식

　　재료가 가진 자연의 맛을 그대로 살려 음식을 만든다. 따라서 음식을 많이 차리 거나 여러 가지 재료를 섞어서 만드는 음식은 별로 없다. 감귤, 전복, 옥돔 등이 특산품이고, 음식재료는 해산물, 돼지고기, 닭고기를 주로 이용하며, 해초와 된 장으로 소박한 맛을 낸다. 간은 대체로 짠 편이고, 양념을 적게 써서 간단하게 만 들며, 생선을 이용한 회, 국, 죽이 많다. 대표음식으로는 옥돔죽, 전복죽, 미역죽, 전복찜, 갈치호박국, 자리물회, 옥돔구이, 물망회, 오메기떡, 해물뚝배기, 표고 버섯전, 고사릿국, 빙떡, 메밀저배기, 해물김치 등이 있다.

(8) 황해도 음식

　　황해도는 북부지방의 곡창지대로 쌀과 잡곡이 풍부하게 난다. 잡곡, 밀, 닭고기 를 음식에 많이 이용하며, 인심이 좋고 생활이 윤택한 편이어서 음식의 양이 풍 부하다. 음식의 맛은 짜지도 맵지도 않고, 음식에 기교를 부리지 않아 소박하며, 큼직하고 푸짐하다. 김치에 향미채소를 쓰는 것이 특징인데, 배추김치에는 미나 리과에 속하고 향이 강한 고수를, 호박김치에는 분디(산초)를 쓴다. 호박김치는 늙은 호박(중간 정도의 늙은 것)으로 담가두었다가 찌개로 끓여서 먹는다. 김치 는 맑고 시원한 국물을 넉넉하게 하여 만든다.

　　대표음식으로는 김치말이, 순두부, 세아리밥(잡곡밥), 행적(배추김치누름적), 동 치미, 호박김치 등이 있다.

(9) 평안도 음식

　　평안도의 동쪽은 산이 험하지만 서쪽은 평야가 넓어 밭농사가 발달하였으며, 곡 식이 많이 나고, 황해안과 접해 있어서 해산물이 풍부하다. 조, 강냉이, 메밀 등 이 유명하며 음식의 재료, 모양, 맛 등은 황해도 음식의 특징과 비슷하여 음식이

큼직하고 푸짐해서 먹음직스럽다. 특히 겨울에 먹는 음식이 다른 지방보다 발달해 있다. 대표음식으로는 평양냉면, 어복쟁반, 녹두부침, 만둣국, 온반, 온면, 노티(잡곡가루 전병), 냉면김장김치, 백김치, 동치미, 김치말이, 닭죽, 만두, 순대, 과줄 등이 있다.

(10) 함경도 음식

함경도는 개마고원이 있는 험악한 산간지대여서 논농사는 적고 밭농사를 많이 한다. 콩의 품질이 뛰어나고 특히 잡곡을 풍부하게 생산하여 주식이 기장밥, 조밥과 같은 잡곡밥이다. 동해안은 세계 3대 어장으로 어종이 다양하며, 근처의 동해안에서 명태, 청어, 대구, 연어, 정어리 등 여러 가지 생선이 잘 잡힌다. 풍부한 해산물과 감자 또는 고구마 전분을 이용한 음식이 많다. 음식의 모양은 대륙적이고 대담하여 큼직하고 장식이나 기교를 부리지 않으며, 간은 싱거워 짜지 않지만 고추와 마늘 등의 강한 양념을 많이 쓰는 음식도 있다.

대표음식으로는 동태순대, 가자미식해, 가릿국(고깃국밥), 회냉면, 콩나물김치, 대구깍두기, 기장밥, 조밥, 회냉면, 비빔국수, 인절미, 단감주 등이 있다.

❸ 한·중·일 음식의 역사

다음은 한국, 중국 및 일본의 역사를 한눈에 볼 수 있는 표이다.

▼ 동양 삼국 연표

연표 연대	한 국	중 국	일 본
	구석기시대 (B.C 500000~10000)	구석기시대 (B.C 500000~10000)	구석기시대 (B.C 300000~10000)
10,000	중석기시대 (B.C 10000~5000)	중석기시대(B.C 10,000~8,000)	
5,000 3,000 2,000	신석기시대 (B.C 5000~1500)	신석기시대 (B.C 8,000~2,000)	
1,500 1,000		단군조선	하(B.C 2100~1800) 은(B.C 1800~1028) 서주(B.C 1027~770)	조동 토기시대 (B.C 10000~300)
700 500 400 300	청동기시대 (B.C 15000~300)	고조선(기자조선) 청왕시대 (B.C 325~184)	춘추전국 (B.C 770~221)	
↑ 209 B.C 100 0 100 200 300	청기시대(B.C 300~150) 삼한시기 (진한) (변한) (마한) 신라 (B.C57 ~935) 가야 (B.C49 ~562) 백제 (B.C18 ~660) 고구려 (B.C 4 ~495) 무역 (B.C 18 ~668)	진(B.C 221~207) 위만 낙랑 (B.C 108 ~313) 한 (B.C 206~220) 삼국(220~280) 진(265~420)	야요이시대 (B.C 300~600)
400 500 600 700	(전기) (후기))	남북국(420~589) 수(580~617)	고분시대 (300~600)
700 800	발해 (698~926)	당 (618~907)	아스카(592~710) 나라(694~774)
900	후삼국(892~936)	오대(907~959)	헤이안(774~1192)
1,000 1,100 1,200 1,300	고려(196~1392)	송 (960~ 1279) 요 (916~1125) 금 (1115~1234) 원(1271~1367)	가마꾸라(1192~1334) 남북조(1334~1392)
1,400 1,500	조선(1392~1910)	명(1368~1643)	무로마치 (1392~1573) 모모야마(1573~1600)
1,600 1,800		청(1636~1911)	에도 (1600~1867)
1,900	일제시대(1910~1945)	중화민국(1911~1949)	메이지, 다이쇼오, 쇼오와 (1867~1945)
2,000	대한민국(1945~)	중국(1945~)	일본(1945~)

이형구(선문대학교 역사학과 교수)

1) 한국 음식의 역사

(1) 삼국시대 : 처음으로 주식(곡류), 부식(채소)의 개념이 시작되었고, 농산물 가공법이 발달하여 술, 장, 김치, 젓갈 등을 즐겼다.

① 고구려

왕권이 강화되면서 지배계급과 서민 식생활이 구분되었다. 불교가 도입되면서 음차 습관이 시작되었고 식기와 다기가 발달하였다. 콩을 이용한 조리법도 개발되었다.

② 신 라

불교의 영향으로 살생이 금지되어 있었다. 그 당시에 얼음을 사용한 흔적으로 남아있는 것이 지금의 '서빙고' 와 '동빙고' 의 지명이다.

(2) 고려 : 권농정책(농사를 권장하는 정책)으로 농기구가 개선, 발달하였다.

① 외국(원나라)과의 교류 증가, 활발 : 개성에 주점과 객관이 생겨났다.

② 원의 영향으로 삶은 고기, 순대 등장 : 설탕, 후추, 포도주가 원을 통해 전래

③ 무관 세력이 강해지고 도살법이 들어오면서 육식이 성행하였다.

④ 후기에 몽골의 지배력이 커지면서 밀가루 음식도 성행하여 찐빵이 등장

⑤ 발효식품 유행 : 간장, 된장, 김치 등

⑥ 우리음식의 조리법이 완성되었다.

(3) 조선 : 유교를 국교로 삼아 숭유억불정책을 폈다.

① 고도의 농업정책 : 토지정비(귀족 소유의 땅 정리), 수리사업

②『주자가례(朱子家禮)』: 상례, 제례, 혼례의 규범이 되었다.

③ 효(孝)사상이 강조 되었다.

④ 구황작물(옥수수)

⑤ 술 대신 화채, 수정과, 식혜, 오미자차 등의 음료가 성행하였다.

⑥ 중기 이후 식생활이 변화해 숟가락을 사용하게 되었다.

⑦ 고추, 감자, 호박, 땅콩, 고구마, 옥수수 등 외국 농산물이 들어왔다.

2) 일본 음식의 역사

(1) 죠몽 토기시대(B.C 10000~B.C 300)

자연식을 하던 시대로 토기를 사용했다. 우리나라에서 건너간 청동기인들의 청동기문화가 전래되었다.

(2) 야요이시대(B.C 300~6세기경)

주식과 부식이 분리되기 시작했고, 수답이 행해졌으며, 목기와 금속기가 전해졌다.

(3) 고분시대(300~600)

고분시대는 우리나라 삼국시대에 해당한다. 4세기 초에 우리나라 철기문화가 전래되며, 신라 및 가야 토기와 같은 질의 수에키가 나타난다.

(4) 아스카(592~710)

고분시대 후반은 아스카시대이다. 무령왕이 오경박사 단양이와 고안무를 파견하고, 성왕이 552년 노리사치계를 보내 처음으로 불경과 금동석가여래상을 전래하여 일본 아스카문화의 근본이 되었다.

(5) 나라시대(694~774)

백제와 당나라에서 기초 식재료와 식사형식 및 불교사상이 유입되었다. 불교의 영향으로 육식은 하지 않았으며 눈으로 먹는 음식이라 할 수 있도록 식품의 색과 형태의 조화를 중요시 하였다. 음식을 알맞은 그릇에 담아내는 방법에서도 자연의 순리에 따르는 산수법칙에 의하여 입체적인 높낮이 표현을 중요하게 생각하였다. 당풍(唐風) 문화가 유행하면서 귀족은 칠기나 청동기, 유리그릇 등을 사용했다.

(6) 헤이안시대(774~1192)

헤이안 시대는 794년에 교토(京都)를 수도로 정하고서, 가마꾸라막부(鎌倉幕府)가 성립되기까지의 약 400년간 후지와라(藤原)씨를 중심으로 한 궁정귀족의 시대이다. 이 시기에는 승려의 세력이 커지면서 정횡정치가 시작되어 부패가 횡행했고 이들을 제압하려 커진 정치세력이 무사 계급으로 귀족들을 대신해 무사의 정치가 시작되었다. 이런 상황은 다음 시대로 이어져 무사계급시대가 무대가 된

대망 소설로 이어진다. 이시기에 당나라와의 교류가 왕성하게 된 결과 여러 가지 조리법이 있었으며 향응상(교오우젠=饗應膳)의 형식이나 연중행사 등이 정해져 일본 요리의 기초가 정리되었다.

(7) 가마꾸라 시대(1192~1334)

무가(武家)사회로 무사가 중심이 되어 식생활도 간소하고 형식에 얽매이지 않게 되었다. 남북조시대로 우리나라는 일본의 침입이 있었던 시대이다. 불교인 선종의 발달로 정진(精進)요리가 서민에게 전달되었으며 승려는 1일 3식, 도민은 2식이 일반적이었다. 정가의 정식요리로서 일본요리의 기본형인 본선(本膳) 요리와 불교의 영향으로 회석(懷石)요리가 나타났다. 식기는 사원용이나 무가의 특별한 날을 위해 칠기의 선(膳)이 사용되었고, 일반에서는 목기와 젓가락이 사용되었다. 두부가 수입되었으며 송(宋)에서 차(茶)가 수입되어 재배되기도 하였다. 송에서 도자 기술도 전해져 유약 도기가 만들어 졌으며, 특히 후쿠오카의 도자기가 유명하다.

(8) 무로마치시대(1392~1573)

무가사회와 귀족사회의 교류가 있게 되면서 화합하였으며 무가의 힘이 강해지자 부족한 문화성을 보완하기 위해 각 지방마다 예술가들을 양성하였다. 요리에서는 서서히 형식적인 양상을 보이게 되었으며 의식요리를 통해 조리법이 확립되고 다도가 자리잡으면서 가이세키(會席)요리가 등장했다. 우리나라에서 도자기와 차가 무가의 집안으로 유입되었으며, 정식 다도는 문 밖에서 손을 씻고 무기를 내려 놓은 후 무릎을 꿇고 좁은문으로 들어가도록 하였다.

(9) 아이치, 모모야마시대(16세기 후반~16세기 말)

남방무역의 영향으로 포르투갈이나 스페인에서의 수입품으로 남방요리와 과자가 들어왔다. 탁상(싯포쿠)요리가 나가사키와 오사카에 알려지고 선종의 사원에는 후차요리가 나타났다. 남방에서 다양한 수입 식재료와 음료수가 들어왔다. 식기는 다도의 발달과 함께 각지에서 가마가 열려 철유 도기가 생산되었다. 도민에게는 다도의 생활화된 발달과 함께 가이세키(會席)요리가 번창하였다.

(10) 에도시대(1600~1867)

사회적 안정을 배경으로 한 일본요리의 전성기 시대로 식문화 집대성의 시기이다. 혼젠요리가 만들어지고 도시 일반인들도 가이세키(會席)요리를 즐기게 되어 여러사람이 함께 모여 요리를 즐기게 되었다. 식기로 자기가 만들어졌으며, 가정에서의 식사는 명명선(銘銘膳)을 사용하고, 밥을 공기에 담게 되었다. 이때 가이세키(會席)요리는 현재 일본요리의 연회나 회식의 형식으로 이어져 왔다.

(11) 메이지시대(1867~1945)

근대화 시기로서 메이지 5년 육식이 허용되면서 식생활이 서구화 되었다. 우리나라의 일제시대에 해당하며, 여자 대학이 생겼다.

(12) 대정 쇼우와 헤이세이시대(1912~)

대정시대는 1912년부터 26년 사이로 우유나 치즈 등의 건강식을 먹기 시작한 시대이며 1926년 쇼와시대 이후 현재까지는 일본의 소득이 3만 불이 넘는 시대이다. 2차대전 후 미국의 밀가루 보급 정책으로 빵이 대중화되었고, 라면, 에스닉 스타일 붐과 함께 서양음식을 모방한 스끼야끼와 샤브샤브가 등장한다. 경제 발전과 함께 유기농 채소와 건강음식들이 인기가 생기며 이와 같은 경향이 세계화 되어 일본음식이 서양인들의 관심이 되어 왔다. 또한 식생활에 관한 지식을 폭넓게 공부하는 푸드 코디네이터 배출의 시대가 되었으며 쇼와시대에 우리나라는 일제치하에서 해방을 맞이하게 된다.

일본에서는 여인들이 글을 잘 쓰는 서도, 꽃꽂이의 화도, 아로마 향주머니의 향도를 잘 다루는 것을 미덕으로 알고 있다. 현재는 무국적요리에서 다국적요리로, 더 나아가 창작요리로 일본요리가 발전하고 있으며 2종의 푸드 코디네이션 자격증을 딸 수 있는 국가고시 자격증제도가 있다.

3) 중국 음식의 역사

중국은 하나의 국가가 설립되고 왕조가 탄생하면 새로운 식문화가 형성되었다. 시대별 식문화의 공통점은 의식동원(醫食同源)에 의한 요리를 발달시켰다는 것이다.

(1) 주(周, B.C 1027~770)

철의 발견과 사용으로 식생활이 발달하였다. 음식과 약재(藥材)를 분류하여 약물 치료, 피부 치료, 동물 치료에 이용하였다.

(2) 한(漢, B.C 206~A.D 220)

술, 식초, 장, 누룩의 제법이 발달하였다. 떡, 만두와 같이 곡류를 가루로 내서 음식을 만드는 조리법이 생겨났다. 금, 은, 칠그릇을 만들어 식기로 사용했다. 식의(食醫)의 전물기술이 한 왕조 이후에 여러 사람에게 계승되었으며 도가(道家), 궁정의 식선 요리인, 의학자(한의사)에게 전승되었다. 영양학, 약리학을 기초로 색, 맛, 향을 구비한 요리 형태로 일상생활에 밀착한 의식동원(食同源)으로 발전하였다.

(3) 수(隋, 580~617), 당(唐, 618~907)

양자강과 황하를 잇는 대 운하와 역의 건설로 국내교통이 발달하여 강남의 좋은 쌀이 북경까지 이동하였다. 육상, 해상교통도 발달하여 주변세계와의 교역도 적극적으로 이루어져 페르시아로부터 사탕수수가 수입되었다. 식사는 1일 2식이었고, 조리는 원칙적으로 남자의 일이라 생각하였다.

(4) 원(元, 1271~1367)

중국요리가 서방세계로 전달되기 시작하였다. 몽골 사람들이 유목민이었으므로 고기요리, 유제품 음식을 많이 먹었다.

(5) 명(明, 1368~1643)

도로, 운하의 건설 진척으로 각지의 요리재료, 향신료, 과일류가 모여들었다. 건조식품을 잘 불리는 방법이 개발되었다. 농업기술이 발달하기 시작하였고 옥수수, 고구마가 수입되었다.

(6) 청(淸, 1636~1911)

중국요리의 집대성기로 궁중요리가 시작되었다. 중국요리의 진수라 불리는 만한전석이 청나라의 화려함과 호사스러움의 극치를 이룬다. 만한전석은 상어지느러미, 곰발바닥, 낙타, 원숭이골 등 중국 각지의 희귀한 재료를 이용한 100여종 이상의 요리이다. 다음은 북경에서 재연된 만한전석 요리의 일부를 소개하였다.

〈만한전석 메뉴〉

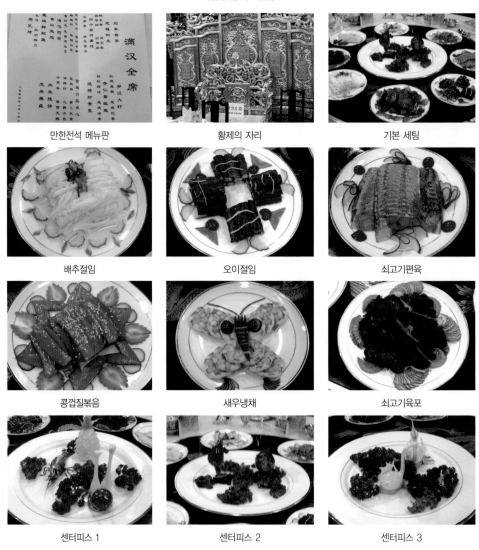

만한전석 메뉴판	황제의 자리	기본 세팅
배추절임	오이절임	쇠고기편육
콩껍질볶음	새우냉채	쇠고기육포
센터피스 1	센터피스 2	센터피스 3

〈만한전석 메뉴〉

기리비

견과류 2가지

다른 견과류 2가지

계어 민물고기

과일정과 4종류

낙타 발바닥

노루 힘줄

대하요리

사슴 음낭

생선 커틀릿

샥스핀

양갈비

〈만한전석 메뉴〉

통돼지 바비큐(껍질만 먹음)　　통돼지 바비큐(껍질만 먹음)　　통돼지 바비큐(껍질만 먹음)

바비큐 껍질과 같이 먹는 재료　　중국 밀가루 깨빵　　깨빵 속에 넣는 쇠고기볶음

새우 모양 과자　　옥수수 고깔과자　　만두

백조 모양 만두　　중국 빵　　모듬 과일

〈만한전석 메뉴〉

모듬 과일	양갱 1	양갱 2
양갱 3	양갱 4	전복
죽순	중국차 컵과 받침	중국차 열어보기
제비집수프	자라요리	해삼

④ 푸드 데코레이션의 역사

일상생활 속에서 섭취하는 식품과 음식은 오랜 역사의 산물이다. 각 국가의 모든 문화와 마찬가지로 한 국가를 상징하는 음식 문화도 국가 간의 활발한 문화적 교류에 따라 서서히 변화한다. 외국 농산물 수입과 외국 음식점의 증가로 국가마다 식생활의 세계화가 진행된다. 세계화의 흐름 속에서 다른 문화는 물론 음식 문화도 동양과 서양이 퓨전(fusion)화 되어 가는 것을 막을 수는 없다. 동서양의 문화가 본래의 모습은 지키면서 조화를 시킬 수 있는 지혜를 가져야겠다.

동양과 서양의 문화적 특징은 표와 같이 정리 될 수 있다. 음식의 재료, 각종 양념, 조리법, 상차림, 식기류 등에서 동·서양의 퓨전이 이루어지는 현 시점에서 우리들 각자가 소비하는 음식물의 종류와 먹는 습관을 파악해보고, 우리의 식생활 문화가 어느 위치에 있으며 앞으로 어떻게 변화할 것인가를 예측해 볼 필요가 있다.

〈동양과 서양의 문화 개요〉

동양	서양
'정신적 미' 중심	'시각적 질서' 중심
주관적	객관적(정확한 비례, 척도)
상대적	절대적
상징적	실제적
철학적	종교적
내면의 세계	실제적 표현
종합적	분석적
심미적	윤리적
모호함	명료함

1) 르네상스시대(1450~1643)

르네상스시대에는 이탈리아의 카트린느 드 메디치가 프랑스의 앙리 2세에게 시집을 오게 됨으로써 프랑스 식문화에 큰 영향을 미치게 되었다. 현대의 디저트 뷔페와 같은 세팅은 그때로부터 유래되었다.

2) 아르누보(artnouveau)시대

바로크와 로코코시대를 지나 식탁의 방식이나 서비스도 다양하게 변하였으며, 그 시대의 경제적 흐름에 맞추어 19세기 말부터 20세기 초 유럽과 미국에서 유행한 '새로운 예술' 이라는 의미의 아르누보(artnouveau)가 나타났다. 아르누보는 인간성 회복과 자연과의 조화를 목표로 한 양식으로 산업혁명 이후 대량생산으로 만들어진 기계화되고 획일화된 제품에 반발한, 자연에서 유래된 아름다운 곡선을 디자인의 모티브로 삼아 장식성과 수공예적인 곡선을 살린 것이 특징이었다. 아르누보의 테이블웨어에는 곤충이나 화초, 일본적인 수련, 대나무 등이 이용된 티폿, 접시, 은제 티폿과 커트러리가 만들어 졌으며 한 시대를 풍미했으나 1910년 이후 기능성과 사회성을 중요시하게 되며 아르누보가 퇴색되어 갔다.

3) 아르데코(artdeco)시대

1925년 파리의 현대 국제미술제에서 유래된 아르데코는 아르누보 양식과 반대로 직선이나 입체를 살린 기하학적인 모양, 압도적인 색체에는 정확히 계산된 아름다움이 있었다. 아르데코의 테이블웨어는 심플한 모양, 기하학 모양의 도자기, 직선적인 미를 가진 모던한 분위기의 커트러리를 이용하였다.

4) 모던과 현대

1980년대까지는 다양한 향신료와 조미료의 이용이 유행하여 이를 이용한 요리들은 향신료 및 조미료에 의한 강한 맛을 추구하였고, 캐주얼한 뉴욕 아메리칸 스타일이 주를 이루었다. 1990년대는 대량생산과 자동화에 따라 음식에서도 싸고 간편하며 편리한 패스트푸드, 일품요리, 백화점 식품매장의 반조리 식품, 레토르트 식품이 성행하였으며 깔끔하면서도 간소한 젠 스타일(zen style)이 주를 이루었다. 우리나라에서도 여성의 사회진출이 확대되면서 단체급식과 외식산업이 현저히 발달하였다. 한편 미국을 중심으로 건강을 고려한 음식에 대한 관심이 높아지기 시작하였으며 이에 대한 영향으로 웰빙 붐과 함께 많은 사람들이 건강에 좋은 음식, 기분이 좋아지는 음식에 깊은 관심을 갖게 되었다. 따라서 2000년대에는 마치 엄마가 정성껏 준비하는 음식처럼 안전하고 위생적인 식소재(食素材)를 가지고 정성스럽게 만들어 맛있게 먹는 안정감 있는 슬로우푸드(slow food)에 대한 관심과 함께 정찬용 테이블에 대한 관심도 커지고 있다.

슬로우푸드(slow food)란 패스트푸드(fast food)의 반대되는 개념으로 슬로우푸드 운동을 통해 생기게 되었다. 슬로우푸드 운동은 1986년 미국 패스트푸드의 대명사인 맥도날드가 이탈리아 로마에 진출하여 큰 인기를 얻자 맛을 표준화하고 전통음식을 소멸시키는 패스트푸드의 이탈리아 진출에 대항하여 전통적 식사에 의한 먹는 즐거움과 전통음식의 보존을 위하여 나오게 되었다. 최근 우리나라에서도 전 세계적으로 맛을 동질화하고 표준화하려는 것에 대해 대응하여, 전통미각을 살리고 건강음식을 이용하고자 하는 관심이 커지고 있다. 기존의 편리성 위주의 음식에 비해 조리과정이 복잡하고 조리시간도 길지만 건강 지향적인 식재료와 조리법으로 만들어낸 음식인 동시에 사람과 사람의 원만한 교류의 장을 이끌어 내며 즐길 수 있는 이전의 슬로우푸드로 돌아가자는 운동이 생기고 있다. 건강과 장수에 대한 연구가 활발해지며 식생활 습관과 문화에 대한 연구와 함께 장수식에 대한 연구도 활발히 이루어지고 있다.

03

테이블 세팅 기본

테이블 세팅은 자신이 만든 요리를 식탁 위에 보기 좋고 품위있게 올려놓기 위해 식기와 컵, 테이블클로스와 꽃 등 식탁 위에 놓이는 이런저런 것들을 조화시켜 음식의 맛을 상승시키고 사람들과 더욱 즐겁게 대화할 수 있도록 연출하는 것이다. 또 식탁의 조명을 정리하거나 촛불로 식탁을 장식하여 편안하게 휴식할 수 있는 공간을 제공하는 것도 테이블 세팅이라 할 수 있다. 사실 누구든지 조금만 신경쓰면 돋보이는 멋진 식탁을 연출할 수 있다. 그러나 앞에서 설명했듯이 테이블 세팅을 할 때는 식공간 구성요소인 인간, 시간, 공간에 기초를 두어야 하며, 연출 시에는 T.P.O.에 따른 규칙과 매너, 계절을 고려하면서 진행하도록 해야 한다.

테이블 세팅 시 필요한 식기, 스푼과 포크, 글라스, 테이블클로스, 냅킨, 식탁 장식소품을 통틀어 테이블웨어(table ware)라고 한다. 테이블웨어는 생활양식이나 장소, 선호도, 음식 서빙 스타일에 따라서 크게 달라진다.

테이블 세팅의 기본 요소는 만들어진 음식, 음식과 어울리는 그릇, 음식을 맛있게 담기, 연출한 공간과 어울리는 음악 그리고 조명을 들 수 있다. 이 다섯 가지가 균형을 이루며 적당한 실내온도와 공간과 테마가 조화를 이루어야 한다.

세팅의 기본 목적은 실용성과 아름다움을 균형있게 조화시켜 우리의 식생활을 유쾌하고 풍요롭게 하는 데 있다. 세팅의 기본원리에 대해 알아보도록 한다.

① 테이블 세팅의 디자인

디자인은 생활에서 볼 수 있는 미적 표현의 하나로 물리적인 재료와 형태를 의도적으로 선택하고 계획 · 조정하여 정신적인 사상과 이미지를 창조적으로 표현해내는 활동을 의미한다.

테이블 세팅 연출 시에는 청결함을 기본으로 하여 먹기 편해야 한다는 기능성과 아름다워야 한다는 심미성을 잃지 않도록 한다.

1) 테이블 세팅을 위한 연출의 고려사항

테이블 세팅은 테이블, 테이블클로스, 그릇, 커트러리, 소품이 가지고 있는 색과 형태, 질감 등의 디자인 요소를 바탕으로 연출된다. 따라서 테이블 세팅의 의도와 이미지가 사용할 도구나 소품과 조화를 이루도록 연출한다. 식탁의 실용성과 미적인 면의 균형을 생각하고, 시간과 장소, 목적에 맞는 메뉴를 결정하며 테이블을 완성해 나간다. 테이블 세팅을 위한 연출을 할 때 고려해야 할 점은 다음과 같다.

(1) 전체적으로 진행되는 주된 테마를 결정한다.

클래식, 캐주얼, 로맨틱, 엘레강스 등 테이블 세팅으로 표현할 수 있는 테마는 여러 가지이다. 이때 행사의 성격과 주최하는 사람의 의도에 따라 결정하는 것이 중요하다. 이 테마에 따라 센터피스나 테이블웨어 등이 결정된다.

(2) 대화를 유도할만한 아이템을 찾는다.

테마를 결정한 후에는 손님들의 관심을 끌 수 있는 센터피스나 어테치먼트, 메뉴를 어떻게 매치할 것인가를 생각해 보도록 한다. 발렌타인데이를 위한 로맨틱한 테이블 연출이라면 달콤한 분위기를 강조시키는 꽃과 와인 그리고 초콜릿과 사랑의 고백이 한 줄 쓰여진 하트모양의 휘기어류(figure)를 사용한다면 공통적인 화제를 이끌만한 좋은 아이템이 될 수 있겠다.

(3) 쉽게 얻을 수 있는 소재를 사용한다.

테이블 세팅은 주변의 물건과 현재 가지고 있는 것들을 최대한 활용하는 것이 중요하다. 사용하고자 하는 아이템을 구하기가 힘들 경우에는 비슷한 느낌을 표현해 주는 대체 아이템을 사용하도록 한다.

(4) 동색 · 보색계열의 색상을 선택한다.

세팅의 기본은 식기와 커트러리, 센터피스가 전체적인 조화를 이루어야 한다는 것이다. 비슷한 계열 또는 완전히 대조를 이루는 보색계열의 색상을 조화를 생각하여 선택한다. 보색계열은 화려하고 자극적인 느낌을 주며, 동색계열은 차분하면서 편안한 느낌을 준다.

(5) 강조색를 한다.

단조로움 속에서도 주제가 되는 색을 정해야 한다. 너무 많은 색상을 사용하면 혼란스럽고 복잡해서 원하는 분위기를 내기가 쉽지 않기 때문에 테마에 어울리는 바탕색에 포인트색을 주도록 한다.

(6) 조화미를 느낄 수 있도록 한다.

다양성이 지나치지 않도록 간결하고 단순하게 세팅한다. 자칫 딱딱하고 차가운 느낌을 주지 않도록 센터피스, 냅킨, 기타 휘기어류로 시각적인 포인트를 주는 센스가 필요하다.

2) 테이블 코디네이션 아이템

테이블 코디네이션에 사용되는 소품들은 식의 쾌적함을 기본 이념으로 하여 작업의 기능성, 접대한 손님의 동선 등을 생각하여 연출할 필요가 있다. 아이템은 세부적으로 나누어 구체적으로 결정한다. 테이블 코디네이션의 기본 아이템은 본문에서 구체적으로 다루기로 하고, 정리해보면 다음과 같다.

(1) 린넨류

대마, 아사 등의 천류를 총칭한다. 냅킨, 테이블클로스는 식사를 하는 전체적인 분위기를 결정하는 가장 큰 요소이다.

(2) 식기류

기본 개인적인 아이템과 서비스 아이템을 설정하여 배치함으로써 린넨류와 조화되는 색과 분위기에 어울리는 소재의 식기류 선택이 필요하다. 식기가 놓이는 위치에 따라 앉는 자리가 결정된다.

(3) 커트러리(Cutlery)

'자른다' 는 의미로 나이프, 포크 등을 말한다. 음식의 종류에 따라 서양과 동양식의 커트러리가 결정되며 정식 차림에는 주로 순은제품, 도금제품을 사용하고 일반적으로 개개인의 감각에 맞는 것을 고른다.

(4) 글라스류(Glasses)

서양식 세팅에는 유리잔을 사용하기 때문에 글라스웨어(glassware)라고 한다. 식사 중 제공되는 음료를 위한 글라스와 식전, 식후에 제공되는 음료용 글라스를 구분지어 사용하도록 한다. 정식 상차림에는 3가지 크기의 글라스가 놓이는데, 가장 큰 것은 물이나 주스 등을 마실 때 사용하며, 가장 작은 것은 화이트와인을 마실 때 사용한다.

(5) 센터피스류(Centerpiece)

테이블의 중앙에 두는 것을 총칭한다. 생화를 이용한 플라워 어렌지먼트나 관상용 식기 등이 센터피스로 이용된다.

(6) 휘기어류(Figure)

휘기어(Figures)는 본래 '장식물' 이라는 의미로 테이블 위의 식기, 글라스, 커트러리, 린넨 이외의 모든 것을 말하며 장식적인 효과를 낸다. 냅킨 홀더나 좌석을 지정하는 네임카드, 자리 정돈 역할을 하는 화기, 소금, 후추통 등이 해당된다.

크기에 따라 부르는 방법이 여러 가지이다. 인형과 새, 작은 동물상, 명찰패, 소금을 담는 통 등 작은 것은 휘기어라 부르고, 캔들이나 꽃병 등 큰 것은 센터피스에 포함된다. 이들은 대화하는 데 있어서 화제를 이끌어 가거나 전환을 유도하는 데 중요한 역할을 하기도 한다.

(7) 어테치먼트(Attachment)

식사와 직접적인 관계는 없지만 대화를 유도하고 분위기 창출을 위해 식사에 방해되지 않을 정도로 배치되는 소품을 총칭한다. 장식적인 효과, 즐겁게 하기 위한 분위기를 연출하거나 테마를 나타내기 위해 많이 쓰이는 것으로 도자기 장식물이나 리본, 초콜릿, 구슬 등의 기타 장식물이 해당된다.

(8) 캔들(Candle)

최초의 초는 밀랍(beeswax)으로 만든 양초이다. 밀랍은 벌꿀을 채취하고 남은 찌꺼기를 가열 · 압축시킨 것이다. 양초는 공동공간에 놓는 것으로 어두운 성 안에서 빛과 방향의 역할을 할 뿐만 아니라 눅눅함을 방지하는 역할까지 했었다. 초는 2인에 1개, 8인에 3개, 10인에 4개씩 식사시간을 2시간 정도로 계산해 만들어졌다. 향이 있는 초는 식탁에 적당하지 않으며 에어컨이 있는 방에서는 사용하지 않는 것이 좋다.

② 색채와 식공간 분류

1) 테이블 세팅 색의 원리

테이블 세팅에서 색을 계획할 때에는 테마에 따라 먼저 초대되는 사람들과 음식의 종류에 의해 색을 정한다. 공간을 구성하는 식탁, 의자, 식기류, 장식품 및 센터피스의 색도 테마에 맞게 구성한다. 또한 동색과 보색의 조화로 개성있는 식탁을 표현하도록 한다. 단색, 비슷한 색 또는 보색으로 테이블 세팅을 하면 다음과 같은 효과가 있다.

• 단색 : 통일감과 조화가 있고 비교적 무리가 없다. 공간감과 연속성이 강조되고 조용하고 평화로운 느낌이 난다.

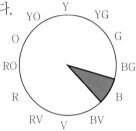

• 비슷한 색 : 테이블 세팅에서 비슷한 색의 이용 시 단색보다 더 조화롭고 다양하며, 흥미로운 세팅이 될 수 있다.

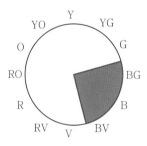

• 보색 : 보색은 서로 반대되는 색으로 아주 자극적인 것에서 평범한 것에 이르기까지 다양한 변화를 줄 수 있다. 빨강, 노랑, 파랑의 원색이나 반대되는 보색을 이용하면 생동감있고 화려한 분위기를 연출할 수 있으나 자칫 산만한 세팅이 될 수도 있으므로 주의한다.

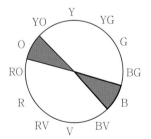 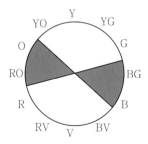

2) 색의 속성

색의 3속성에는 색상, 명도, 채도가 있다. 색의 종별이나 색채를 구별하기 위한 명칭을 색상이라 하고, 비슷한 색상을 순서대로 배열하여 둥근 원의 형태로 만들어 놓은 것을 색상환 혹은 색환이라 한다. 색상환에서 서로 거리가 가까운 색은 유사색이며 거리가 가장 멀리 있는 정 반대편의 색을 보색이라 한다. 자연광이 분광기를 통과할 때 보라, 파랑, 초록, 노랑, 주황, 빨강의 여섯 가지 색상이 나타나며, 이 중에 빨강, 파랑, 노랑을 3원색이라 한다. 색의 3원색은 색상환을 12색의 3분법으로 나누어 볼 때 1차색에 해당하는 것으로 색상환에서 1로 표시하였고, 2차색을 혼합하여 만든 색으로는 초록, 보라, 주황색을 말하며 색상환에서 2로 표시하였다. 3차색은 1차색과 2차색을 섞어 만들었으며 붉은보라, 다홍, 귤색, 연두, 청록 및 남보라 색을 말한다. 3차색은 12색의 3분법에서 3으로 표시되었다.

명도는 색상끼리의 밝고 어두운 정도를 나타낸다. 명도는 유채색과 무채색 모두 있으며 밝을수록 명도가 높고 어두울수록 명도가 낮다. 채도는 색의 맑고 깨끗한 정도이다. 색의 순수도에 따라 순색과 탁색으로 나뉘며 순색에 가까울수록 채도가 높아지고 다른색상이나 무채색을 첨가하면 채도가 낮아진다.

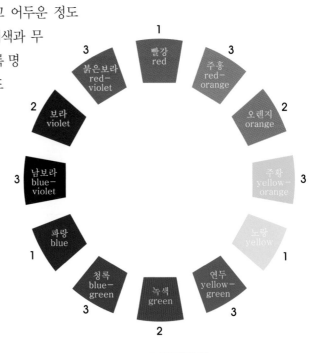

▲ 12색의 3분법

3) 음식과 색채

한국인은 음식의 맛과 색상에서 미각에서는 오미를, 시각에서는 오색의 원리를 따르는 음양오행의 원리를 지키고자 하였다. 전통음식 가운데 서민들이 입춘이 되면 '오훈채'라는 나물을 먹었다. 이때 오색은 인(仁)과 간장의 청(靑)색, 예(禮)와 심장의 적(赤)색, 신(信)과 비장의 황(黃)색, 의(義)와 폐장의 백(白)색, 지(志)와 신장의 흑(黑)색을 의미하였다. 입춘날 오훈채를 먹으면 다섯 가지 덕목을 모두 갖추게 되고, 신체적으로도 모든 기관이 균형과 조화를 이루어 건강해질 수 있다고 믿었다.

오행에 해당하는 색, 동물, 맛, 인체의 기관, 감정, 상, 방위 및 계절은 다음과 같다.

오행	오색	동물	오미	오장	오정	오상	방위	계절
나무(木)	청색	용	신맛	간장	기쁨	인	동	봄
불(火)	적색	공작	쓴맛	심장	즐거움	예	남	여름
흙(土)	황색	용, 봉황	짠맛	비장	욕심	신	중앙	
쇠(金)	흰색	호랑이	단맛	폐장	분노	의	서	가을
물(水)	흑색	뱀	매운맛	신장	슬픔	지	북	겨울

색채의 일반적인 이미지와 음식에서의 느낌은 다음과 같이 요약할 수 있다.

⑴ 붉은색(red) : 심장박동수나 맥박수를 증가시키며 흥분시켜 활발한 반응을 일으키는 색으로 시선을 끈다. 음식에서 진한 적색은 달콤하고 따뜻하고 진한맛을 나타내며 쾌적한 느낌을 오래 주어서 오랫동안 호화로운 연회장에 즐겨 사용되는 색이다. 자연계에서 잘익은 딸기, 토마토, 루비, 석류석, 포인세티아 꽃 등의 색으로 풍요로움을 표현한다. 세례, 심장, 불꽃, 사랑, 분노의 상징도 된다. 대담하게 다가오며 머뭇거리는 이미지가 아니다. 반면에 위험을 나타내는 신호등은 붉은색이다.

⑵ 주황색, 오렌지(orange) : 빨강과 마찬가지로 생동감이 느껴지며 심장박동과 맥박수를 증가시킨다. 주황색은 주로 향신료를 사용하듯이 포인트로 조금만 사용하는 것이 효과적이다. 적당히 사용할 때 발랄하고 활기넘치나, 너무 많이 사

용하면 경박하고 싸구려 이미지를 줄 수 있다. 음식에서는 달콤한, 영양가 있는, 맛있는 색을 나타낸다. 반면에 희미한 오렌지색은 오래된, 딱딱한, 따뜻한 느낌을 준다.

(3) 녹색(green) : 사람의 눈이 가장 인식하기 쉬운 색이다. 사랑, 인내, 신뢰를 나타내며 자연친화적 물건이나 환경을 나타낸다. 음식에서 녹색은 시원하고 신선한 느낌이며, 아주 엷은 황록색과 황록색은 산뜻하고 신선한 느낌을 준다. 초록에 노랑을 더하면 조금 자극적인 색이 되고, 파란색을 더하면 차분한 느낌의 색이 된다. 연한 카키나 진한 카키색은 인내력과 신뢰성의 이미지가 있고 환경친화적이기도 하다. 엷은 샐비어 색이나 이끼 색, 청자색, 녹청색은 안정된 분위기를 연출하며, 에메랄드나 공작석 등은 화려한 이미지를 갖는다. 블루그린이나 그린블루는 색조가 밝을 때 대담한 색으로 보이고 약간의 흰색이 섞이면 평화를 상징한다. 풀잎, 라임, 민트, 담쟁이 덩굴, 화초의 색은 낙관적이고 봄의 새싹과 같은 감정을 만들어 풍요로운 느낌을 준다.

(4) 파란색(blue) : 파란색은 상쾌하고 차분하여 충성심, 신뢰감, 명예로움, 온화함을 나타낸다. 건강, 불변성, 정적인 이미지가 있고, 충성심, 신뢰감(blue chips), 명예(blue ribbon)도 연상시키는 색이다. 단, 파란색은 빨강이나 노랑처럼 사람에게 다가오는 색이 아니라 오히려 물러나는 색이다. 아이리스, 물망초, 제비꽃, 히야신스 등의 파란꽃이 있다. 파랑에도 명도와 채도에 따라 우아하고 격조있는 세련된 파랑과 캐주얼한 느낌의 편안한 파랑이 있다. 네이비블루는 비즈니스에 많이 사용되며, 프로페셔널을 상징하고, 신뢰할 수 있는 색으로 인식된다. 코발트블루는 밝고 활기차며 풍부한 느낌이고, 스카이블루와 바다의 파랑은 상쾌함과 건강을 나타낸다. 청금석이나 사파이어 같은 보석은 대담함을 느끼게 한다. 한편으로는 우울할 때 '블루' 란 표현을 쓰거나, 고뇌와 절망을 노래하는 곡을 '블루스' 라고 하는 것처럼 소극적이고 지루하며 우울한 색으로 보이기도 하므로 현명하게 사용하여야 한다. 테이블 코디에서는 시원한 느낌을 준다.

(5) 보라색(violet) : 보라색은 파란색의 우아함과 빨간색의 힘을 합쳐 놓은 야하면 서도 숭고한 느낌을 주는 색이다. 보라색은 오랫동안 왕권의 이미지를 지녀 왔다. 자연계에서 보라색은 포도, 가지 외에 몇 가지가 있으며, 많이 사용하면 인공적이고 강압적이며 야한 느낌을 준다. 아이들의 인기 캐릭터인 보라돌이가 게이의 상징으로 브랜드화 되었다고 하여 화제가 된 적이 있으며, 또다른 인기 캐릭터인 바니공룡의 색도 보라색으로 아이들의 상품에 보라색이 자주 이용되는 경향이 있다.

(6) 중간색 : 색의 이론에서 중간색은 따뜻하지도 차갑지도 않은 색으로 정의된다. 최근 검은색(black), 회색(gray), 흰색, 베이지색, 갈색을 중간색으로 부른다. 중간색은 색조가 억제되어 전체적인 디자인을 돋보이게 하므로 세련된 색으로 간주된다. 실제로 흑백영화는 내용에 더 집중해지는 효과가 있다고 한다.

(7) 회색(gray) : 단일색으로는 자칫 지루하고 진부할 수 있으나 다른 색과 조화를 이루면 세련된 분위기를 준다. 따라서 회색은 배경색으로도 바람직하고, 보수적이며 전통적이고 두뇌와 같은 지적인 이미지가 있다. 또한 메탈릭 그레이 색은 값비싼 이미지가 있다.

(8) 베이지(beige)와 갈색(brown) : 무겁지 않으며 신뢰감을 준다. 특히 긴장을 풀기 위한 색으로 베이지 색과 갈색이 잘 선택된다. 베이지와 갈색에 빨강을 더하면 테라코타 같은 따뜻한 느낌이 들며 초록을 더하면 카키색 같은 차가운 느낌이 강해진다. 갈색은 자연의 색이라는 고정관념이 있는 색으로 숲, 나무, 모래, 삼베, 낙엽, 마호가니, 초콜릿, 커피, 밤, 식용버섯 등이 베이지와 갈색을 가지고 있다. 어두운 갈색은 맛이 없어 보이고 딱딱하게 보일 때도 있으며, 따뜻하고 진한맛을 나타내기도 한다.

(9) 흰색(white) : 색소가 없어 청결함, 더러움이 없는 순수함, 평화, 순진무구함을 연상시킨다. 파란 느낌이 도는 흰색은 빙하를, 노랑이 섞인 흰색은 광택이 나는 진주를 연상시킨다. 흰색은 대부분 심플한 분위기를 주며, 고전적, 영원, 잡히

지 않는 이미지로도 알려져 있다. 흰색은 공간이 넓게 보이는 효과도 있다. 다소 부정적인 이미지로는 선의의 거짓말(white lie), 귀찮은 것(a white elephant), 항복의 백기(white flag of surrender) 등이 있다. 흰색을 너무 사용하면 무미 건조해질 수 있다. 악센트가 없으면 빈 상자나 종이컵처럼 싸구려나 일회용품의 느낌이 날 수도 있다.

(10) 검정색(black) : 검정색은 강인함과 힘, 안정감, 우아함, 세련됨, 섹시함이 연상되는 색으로, 도시여성의 기본 아이템이 검정슈트로 자리 잡을 정도이다. 특히 공식적인 자리에서 검정색 턱시도와 칵테일드레스를 입고 있으면 잘 어울린다. 검정색은 밤과 죽음, 마술(black art), 암시장(blackmarket), 공갈(blackmail), 거절(blacklist), 배척(blackball) 등의 위험한 이미지도 있다. 이전의 나쁜 이미지보다는 현재에는 좋은 이미지로 더 많이 이용되고 있다. 검정색은 화려하면서도 섹시하고, 치장하기 쉬우며, 다른 소품과도 잘 매치되는 실용적인 색이기 때문이다.

(11) 크림색(ivory) : 달콤하고 영양가 있는 느낌을 주는 색이다. 산뜻하고도 맛있는 부드러운 느낌도 나온다.

4) 기본 식공간 분류와 색채

식공간 스타일별 이미지와 색채는 다
음과 같이 분류할 수 있다.

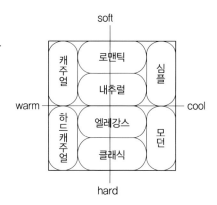

일본 컬러디자인연구소(NCD)의 기본 감성분류에 따른 색채의 시각적 이미지

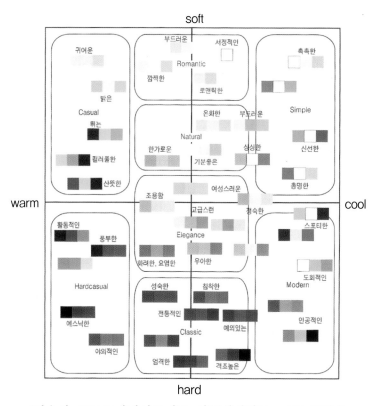

〈김수인, 푸드코디네이트개론, 한국외식정보, p.77, 2004〉

(1) 클래식(classic)

전통적이고 중후하며 역사를 느낄 수 있는 품격으로 영국의 격조있는 성숙한 느낌의 스타일이다. 벨벳이나 실크의 직물, 금색을 배합한 고급소재를 사용한 격식있고 호화스러운 분위기를 연출한다. 색조는 레드와인 계열이나 네이비블루 계열의 어둡고 깊은 톤을 중심으로 중후한 이미지가 들도록 배색한다. 정교한 장식으로 고급스럽고 화려하며 전통적이고 운치있는 스타일을 연출한다.

• 분위기 : 전통적인, 격조있는, 성숙한, 중후감, 무게감, 디럭스하고 전통을 중시하며 고급스럽다.
• 색채 : 진한 자주, 진곤색, 금색, 중후한 색조
• 소재와 디자인 : 금색 테두리나 무늬가 고전적 패턴의 식기, 크리스탈의 화려한 글라스, 고급스럽고 품위있는 무늬의 손잡이가 새겨진 커트러리, 최고급 소재로 가까이서 보면 직물에 새겨진 무늬가 나타나는 소재, 손으로 만든 직물, 벨벳 등 엔티크한 소재의 린넨

(2) 엘레건트(elegant)

섬세하고 우아하고 기품있는 잔잔한 스타일이다. 프랑스의 양식미로 기품있고 세련된 여성의 아름다움을 연상시킨다. 그레이쉬한 색조의 미묘한 그라데이션을 바탕으로 곡선의 아름다움과 섬세한 자수, 레이스 등의 소재를 조화시킨다. 연어색, 핑크, 오렌지, 라일락 등의 색조를 중심으로 우아하고 단순하며 섬세한

조화로, 아름답고 조용하며 세련된 여성의 분위기를 연출한다.

- 분위기 : 품위있는 아름다움, 우아함, 섬세함, 세련된, 고상한, 차분한, 정숙한
- 색채 : 실크 단색, 꽃무늬 흐린 파스텔
- 소재와 디자인 : 탄력있는 실크, 마, 레이스, 오간지의 린넨 등 간단하지만 손이 많이 가 보이는 듯한 스타일 세팅

(3) 캐주얼(casual)

밝고 경쾌한 분위기로 즐겁고 힘이 느껴지는 스타일이다. 양식이나 모양에 구애받지 않고 자연소재나 인공소재의 배합 등 자유로운 발상으로 연출한다. 색조는 투명감 있는 적색, 황색, 녹색 등 생생한 컬러를 중심으로 다색상 배합을 통해 발랄하고 재미있게 연출한다. 편안하고 개방적인 느낌이 캐주얼의 포인트라 할 수  있다. 질감이 다른 소재들도 규칙에 얽매이지 않고 자유롭게 조합시켜 자유분방한 이미지와 활기찬 스타일을 연출한다.

- 분위기 : 간결해보이나 경쾌하고, 자연스럽고 활달한 분위기
- 색채 : 꽃무늬, 체크, 선명한 색, 인위적이지 않고 자연스러운 색
- 소재와 디자인 : 귀여운 무늬, 화려한 장식이 없는 투박한 식기, 두껍고 받침이 있는 글라스, 플라스틱, 화려한 색상의 손잡이 커트러리, 두꺼운 마, 프린트, 백색, 확실한 색, 올이 두꺼운 린넨류

(4) 로맨틱(romantic)

감미롭고 사랑스럽고 부드러운 분위기로 여성스러운 스타일이다. 엘레건트가 성인 여성의 느낌이라면 로맨틱은 순수한 소녀의 이미지이다. 색조는 핑크, 베이비옐로우, 베이비블루의 온화하고 섬세하고 달콤한 오프화이트에 파스텔 색조나 곡선을 이용하여 서정적이고 감미로운 분위기를 연출한다. 다색상의 분위기이나 통일된 분위기를 연출한다.

- 분위기 : 사랑스러운, 따뜻한, 우아함, 가련한
- 색채 : 소프트 파스텔 톤 질감, 노랑, 핑크
- 소재와 디자인 : 실크, 가벼운 것, 쉬폰, 면 레이스나 프릴의 린넨류, 불투명 유리, 우아하고 사랑스러운 세팅, 음식은 디저트 감각으로 준비

(5) 내추럴(natural)

　자연을 느끼게 하는, 편안하고 무리가 없으며 단순하고 여유있어 마음이 편안해지는 스타일이다. 질감이 중요하며 색조는 베이지, 아이보리 갈색, 그린색의 온화하고 부드러운 톤 색의 조합으로 따스한 느낌을 준다. 자연이 가지는 따뜻함, 소박함을 표현하며 조금은 장식적이고 클래식하지만 세련된 이미지로 섬세한 배색을 한다.

- 분위기 : 자연스러움, 평온함, 대범하고 느긋함, 편안하고 온화한 질감을 중시, 밝고 친숙해지기 쉬운 분위기
- 색채 : 풀, 나무 등의 자연색, 베이지, 아이보리, 그린 톤 등의 평온한 색으로의 통합된 톤
- 소재와 디자인 : 면, 마, 모시, 삼베 등의 천연소재, 나무, 대나무 등 소박하고 자연스러운 질감을 살림

(6) 심플(simple)

최소한의 재료로 세련되고 깔끔한 블루와 화이트 색조의 산뜻한 분위기의 스타일이다. 불필요한 장식을 없앤듯한 깨끗한 이미지로 차가운 색과 색의 조합으로 젊고 자유로운 감각을 표현한다.

- 분위기 : 청결한, 깨끗하고 상쾌한, 윤기있고 싱싱한 분위기, 겉치레 없는 산뜻하고 청량감있는 젊은 분위기
- 색채 : 단순한 무지, 직선 체크를 이용한 블루와 화이트의 산뜻한 배색
- 소재와 디자인 : 자연과 인공의 소재를 살리되 깨끗한 조화를 보이도록 함. 나무, 실버, 알루미늄, 아크릴 등 차갑고 산뜻한 느낌의 세팅

(7) 하드캐주얼(hard casual)

캐주얼보다 강조한 자유로운 발상으로 자연적으로 핸드메이드의 짜임으로 온기있는 소재를 조화시켜 깊고 풍부하게 열매맺은 듯한 스타일이다. 색조는 멜론, 올리브, 그린 등의 강하고 진한 톤의 온색계열을 중심으로 가을 분위기를 연출한다. 손으로 만든듯한 거친 느낌과 함께 온정과 애착을 느끼게 하는 것이 포인트이다. 운치가 있는 무늬와 소재로 튼튼해보이는 아웃도어(outdoor) 느낌과 에스닉한 분위기를 조합한다.

- 분위기 : 야외적인, 풍부한, 에스닉한, 와일드한, 전원의 분위기, 손으로 만든듯한 짜임의 질감이나 온기, 애착을 느끼게 하는 분위기
- 색채 : 강하고 깊은 톤의 다색상 조합, 동식물 표현한 프린트
- 소재와 디자인 : 자연소재이면서 수공예품을 포함하는 온화한 질감, 스파이시한 맛을 느낄 수 있는 세팅

(8) 모던(modern)

도회적이고 시원하고 기계적이며, 진보적이며 대담하고 드라마틱한 스타일이다. 캐주얼보다 세련되고 샤프해진 스타일로 자연과 인공이 융합된 스타일이다. 1925년 파리의 세계건축박람회에서 선보인 아르데코 분위기에서 근대주의적 모더니즘이 처음 등장했다. 그러나 아르누보나 아르데코가 처음 등장했던 당시에는 그 자체가 최첨단 모던 분위기였던 것처럼, 모던은 변화가 크고 시대의 흐름을 반영한 새로운 스타일로 도회적이고 시원하며 약간은 기계적이고 매니쉬한 인공적인 느낌의 디자인을 연출한다. 색조는 검정을 기초로 흰색, 회색이 대비를 이루며, 생생한 빨강, 노랑을 넣을 경우 역동감이 더해진 스타일이다. 생활감이나 실용성보다는 멋을 추구하는 경향이 있다.

- 분위기 : 초 현대적인 아트감각, 깔끔하고 세련된 이미지, 서구적이며 하이테크의 분위기
- 색채 : 모노 톤의 무채색, 큰 무늬, 검정, 빨강, 다크블루 톤
- 소재와 디자인 : 광택, 플라스틱, 폴리에스테르, 깔끔한 곡선과 직선적인 소재, 스틸제품의 세팅

(9) 에스닉(ethnic)

에스닉은 '인류학적인' 의 의미이며 세계 여러 나라 민족의 생활풍습, 민족의상, 장신구 및 라이프스타일에서 영감을 얻어 발전되었다. 서양인의 입장에서 인도는 에스닉한 스타일이며 샤머니즘적인 감성을 포함한다. 또한 우리나라를 포함한 동남아시아권을 탐험하는 원초적이고 문화적인 감각이다. 색조는 흙에 가까운 나무색이나 원색을 배합하여 이용한다.

- 분위기 : 동남아시아, 남미, 남태평양국가 등의 민족적인, 샤머니즘적이고 종교적인 분위기, 소박한, 번쩍거리는, 건조한 분위기
- 색채 : 색동, 진한 나무색, 자연적인 색, 원색
- 소재와 디자인 : 면, 마, 민속적인 색조, 프린트, 직조, 칠기, 베트남 생활용품, 대나무제품에 의한 세팅

3 테이블 세팅 순서

① 언더클로스를 씌운다. 언더클로스를 씌우면 컵이나 커트러리를 놓을 때 자연스럽게 주의를 하게 된다.

② 테이블클로스를 씌운다. 클로스의 길이는 자유지만 기준은 포멀에서는 40~50cm 정도, 가정에서는 25~30cm 정도면 충분하다. 테이블의 질감을 살리기

위해 언더클로스나 테이블클로스를 사용하지 않고 런천 매트를 사용해도 좋다.

③ 센터피스를 놓는다. 꽃의 사이즈는 최대로 테이블 길이의 1/3, 안폭의 1/3, 높이는 눈높이까지이다. 뷔페의 경우 센터피스는 사람이 서있을 때의 눈높이에 닿을듯 말듯 해야 장식 효과가 있다.

④ 접시를 세팅한다.

⑤ 커트러리를 세팅한다.

⑥ 컵을 세팅한다.

⑦ 냅킨을 세팅한다(포멀 세팅에는 심플하게 접는다).

⑧ 캔들을 세팅한다.

⑨ 캔들 스탠드를 세팅할 때는 테이블 위에 높게 세우거나 테이블 모서리쪽에 비스듬히 놓는다.

⑩ 그 외 소금, 후추통, 네임카드(name card) 등의 휘기어(figure)를 세팅한다.

 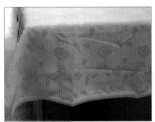 

04

식탁과 식기류

식탁을 구성하는 요소를 통틀어 테이블웨어라고 하는데, 음식, 음료, 식기, 글라스, 린넨류, 센터피스, 촛대 등이 이에 속한다. 본 장에서는 테이블 세팅 아이템 중에서 식탁과 식기류에 대하여 구체적으로 알아보도록 한다.

1 공간과 식탁

1) 식탁의 구조

식사를 위한 공간과 식탁의 크기는 쾌적한 분위기를 결정짓는 중요한 요소이다.

한 사람이 필요한 식사 세팅은 최저 가로 50cm×세로 35cm의 면적이 필요하며, 팔의 움직임 범위와 식탁 위의 테이블웨어 및 센터피스 장식의 공간을 고려하면 가로 60cm×세로 40cm의 면적이 필요하다. 여유로운 공간을 고려하여 가로 70cm×세로 50cm 정도이면 움직이기 쉽고 답답하지 않은 식사공간이 될 수 있다. 다음은 사람 수에 따른 식탁의 대략적인 크기이다.

〈기본 식탁의 크기〉

구분		2인용	4인용	6인용
사각형	가로	65~80cm	125~150cm	180~210cm
	세로	75~80cm	75~80cm	80~90cm
	높이	68~70cm	68~70cm	68~70cm
원형	지름	60~80cm	90~120cm	130~150cm
	높이	60~80cm	90~120cm	90~120cm

2) 사람 수와 식공간

테이블의 크기나 형태에 따라 분위기는 달라진다. 식탁은 실내의 면적과 가구의 배치, 식사를 하는 사람의 수와 그 움직임의 범위를 고려하여야 한다. 4인분 식사공간을 예를 들면, 개인공간은 가로 50cm×세로 35cm가 필요하므로 가로 125~150cm, 세로 75~80cm의 식탁이 필요하다. 의자에 앉아 식사를 할 때에는 식탁과 의자의 거리가 50cm 정도가 적당하며, 의자의 뒷공간과 벽 사이로 사람이 지나다니기만 할 수 있는 공간은 60cm 정도가 필요하다. 사람이 의자를 빼고 자리에서 이동을 원할 때 필요한 공간은 식탁에서 의자 빼는 곳까지 90cm 정도가 필요하며 의자의 뒤에서 벽 사이로 음식쟁반을 들고 서빙하는 사람이 다닐 수 있는 공간은 80cm 정도가 필요하다.

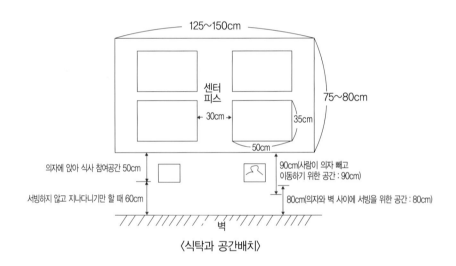

〈식탁과 공간배치〉

3) 주인과 손님의 좌석 배치

모임의 장소에 먼저 도착하면 어디에 앉아야 할 지 고민하게 되는 경우가 있었을 것이다. 특히 공식적인 모임이면 좌석의 위치는 매우 중요하게 된다. 따라서 초대한 사람은 손님의 좌석 배치에 신경을 써야만 한다. 유럽과 미국에서는 부부가 동반하는 경우 바로 옆자리에 앉도록 배치하는 것이 아니고 식탁을 사이에 두고 엇갈려 마주 보듯 배치한다. 호스트, 호스티스를 중심으로 우측에 중요한 게스트 부부, 남성, 여성순으로 번갈아 앉는다. 부부 동반이 아닐 경우에는 호스트와 마주 보는 위치가 가장 중요한 손님의 위치이며, 호스트의 오른쪽에 두 번째 중요손님, 세 번째 중요한 손님은 제일 중요한 손님의 오른쪽에 앉도록 배치해 간다.

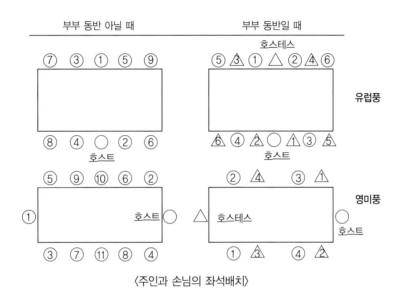

〈주인과 손님의 좌석배치〉

2 식기류

식기는 음식을 담아 식탁에 올리는 그릇의 총칭으로 식탁 모임의 목적과 담기는 음식의 종류 및 나라에 따라 그 종류와 가짓수가 다양하다. 서양에서는 주요리 접시와 빵접시, 후식접시 등 다양한 접시를 용도에 따라 다양한 크기로 준비하여 사용해 왔다. 우리나라에서는 계절에 맞는 재료의 식기를 사용하여 겨울에는 유기를, 여름에는 사기를 주로 이용하여 왔다. 현대에는 색과 무늬가 대담해지고 예술적 감각이 뛰어난 디자인의 식기가 다양하여 선택의 폭도 넓은 편이다.

1) 식기의 역사

고대 이집트의 유물에는 B.C 5000년경에 제조된 토기가 있으며 14, 15세기 유럽에서는 로마시대에 도자기술이 매우 발달하였으나 동양의 유약을 바른 경질자기(硬質磁器)수준에는 도달하지 못하였던 것으로 알려져 있다. 이에 유럽 왕실은 동양의 도자기에 대한 강한 동경심이 있어 왔다고 한다.

B.C 3세기 말에는 동 지중해 연안에 산화납이나 황화납을 매용제로 하는 시유기술(도기를 만들 때 산화납이나 황화납을 매용제로 사용하는 기술)이 발달하였으며, 이 납유는 어떤 흙과도 잘 작용해 녹색이나 갈색의 납유 도기가 만들어졌다고 한다. 로마의 발전과 함께 중요한 도기로 자리잡아 자색의 유약까지 사용하게 되었다.

로마의 납유 도기는 파르티아 왕국, 페르시아 및 동양에도 전해졌다. 페르시아 도기는 이집트에 전해져 13세기경까지 활발하게 제작되었다. 이때 독일의 마이센 공장에서도 높은 온도에서 굽는 경질도기가 만들어지게 되는데, 마치 동양의 백자와 비슷한 수준인 반투명의 하얀 경질자기를 완성하였다.

한편 13세기 말부터 14세기에 걸쳐 스페인에서는 이슬람 도기를 모방해 이스파노모레스크 도기가 만들어지고 있었다. 그 후 지중해 마요르카섬 상인이 에스파냐의 도자기를 이탈리아로 반입하였는데 이것을 이탈리아 사람들은 마졸리카라고 불렀다. 마졸리카의 기법은 16세기 이후 유럽 각지에 전해졌고, 프랑스에서는 이러한 종류의 도자기를 주산지인 파엔차(Faenza)의 지명을 따서 파이앙스(faience)로 부른 것이 유럽의 마졸리카풍 도자기의 통칭이 되었다.

17, 18세기에는 유럽의 동양적 취미를 반영하여 이탈리아의 마졸리카에도 동양풍의 조용한 분위기의 자기가 나타나게 되었다.

독일의 마이센 공장은 유럽 최초로 자기를 구워낸 요업장이다. 당시 자기가 상당한 고가이었으므로 1702년 작센의 아우구스트 왕은 19살의 연금술사 요한 프리드리히 베도가를 성에 유폐시켜 자기를 만들게 했다. 그는 결국 1709년 화학자 치룬하우스의 협력으로 자기의 소성 작업에 성공하여 고품질의 자기를 완성하게 된다. 도자기 제조 시의 소성 작업이란 배토를 조제하여 성형하고, 800~900℃의 가마에서 초벌구이를 한 후 유약을 칠하여 1,300~1,500℃에서 참구이를 한 다음, 흰색 소지제품에 채색용 그림을 전사하거나 손으로 그려 유약형에 융착되게 윗그림 구이를 하여 제품으로 완성하는, 일련의 도자기 제조과정에서 초벌구이 이하의 조작과정을 말한다. 이후 커피나 홍차 등의 차 문화는 이러한 소성 작업을 거친 도자기의 개발로 더욱 촉진되었다고 할 수 있다. 어느 시대나 훌륭한 기술은 혹독한 희생과 노력을 강요하기 마련으로 독일의 마이센 자기공장에서 이러한 혹독한 훈련을 피해 도망한 도공이 그 비법을 유럽 전역으로 전하게 된다. 독일의 마이센 공장과 프랑스의 세브르 공장에서 경질도자기가 제작된 지 50년쯤 지난 후에 영국에서는 18세기 중엽 전해진 기술을 발전시켜 '본차이나(bone china)'라고 하는 특수 자기를 완성시킨다. 이는 소나 양의 뼈를 태운 재를 섞어 투광성을 높인 골회자기로서 매우 강도가 강하고 가벼운 것이었다. 프랑스에서는 루안요와 샹티요, 세부르요에서 백토, 회토, 글라스를 바탕으로 연질자기가 구워지게 되었다.

산업혁명으로 대량 생산이 가속화되고, 성형과 그림의 부착 및 본차이나 등 생산기법도 다양해졌으며, 그 장식도 극히 다채로워졌다. 19세기부터 20세기 초에 걸쳐 유럽을 중심으로 건축, 공예, 실내장식 등 여러 장르에 있어서 전통적 양식을 해체하려는 '세기말 예술'이라는 움직임이 있었다. 그 시작 중의 하나가 영국의 아츠 앤 크래프츠 (arts and crafts) 운동이고, 다른 하나가 아르누보 양식이며, 이후 아르데코 양식으로 이어진다. 아르누보, 아르데코 양식의 테이블웨어는 현재에도 꾸준한 인기를 누리고 있다.

2) 식기의 재질에 따른 분류

포멀한 테이블 세팅에서는 격식을 갖춘 요리와 그릇을 준비한다. 캐주얼한 세팅에서는 가정적인 요리와 식기를 이용한 상차림을 계획한다. 이와 같이 목적과 장소에 맞는 식기의 모양과 소재를 선택하는 것이 중요하다. 식기는 크게 은식기류와 도자기류로 구분할 수 있다.

(1) 은식기류

포멀한 식탁을 세팅할 때 은식기를 사용하면 우아하고 고급스러운 분위기를 연출할 수 있다. 변질되지 않게 손질을 잘하면 은식기는 식탁에서 여유와 아름다움을 즐길 수 있는 식기이다.

- 순은(sterling silver) : 변색과 변질이 쉽지만, 잘 손질하여 보관하면 영원히 그 아름다움을 간직할 수 있는 고급 식기류이다. 일반 가정에서는 식기류보다 커트러리(cutlery)류에 순은제품을 가지고 있는 경우가 많다.
- 은도금(silver plated) : 은과 같은 손질이 필요하다. 부식이 진행되면 복원이 안 된다.
- 스테인리스스틸(stainless steel) : 광택이 떨어지나 손질이 편하고 값이 저렴하다.

(2) 도자기류

도자기는 점토와 돌 등으로 형태를 만들어 구운 것으로 종류에는 토기(clayware), 사기(stoneware), 도기(pottery, chinaware), 본차이나(bone china), 자기(porcelain) 등으로 나눈다.

① 토기(clayware) : 점토를 저온(700~900℃)에서 유약을 바르지 않고 구운 것이다. 벽돌이나 화분으로 이용되며, 잘 깨지므로 많이 쓰이지 않는다.

② 사기(stoneware) : 회색이나 밝은 갈색의 고운 점토를 중온(1,300℃)에서 밀폐시켜 구운 것이다. 유약은 바른 것과 바르지 않은 것이 있다. 바탕이 불투명하고 구운 것을 만지면 보송보송하다. 사기는 비교적 고온에서 굽기 때문에 점토가 단단하게 굳어져 물이 새지 않는다. 투과성이 없고 도기나 자기보다 맑은 소리를 낸다. 비전소, 상골소, 신락소, 웨지우드 사의 자스퍼웨어 등이 있다.

③ 도기(pottery, chinaware) : 점토를 1,200~1,300℃에서 구운 다음 다시 1,050~1,100℃에서 구워 유약을 시유한 것으로 경도와 강도가 낮으며 따뜻한 감이

있는 기질로 두드리면 둔한 소리가 난다. 도기는 저온에서 구웠기 때문에 단단하게 엉켜져 구워진 것은 아니다. 물이 침투하기 쉽다.

④ 본차이나(bone china) : 본차이나는 카오린 대신 소뼈의 재를 섞은 연질자기이다. 연질자기는 희미한 밀크색에 부드러운 광택을 가졌다. 소뼈의 재를 50% 이상 섞은 연질자기는 파인 본차이나(fine bone china)라고 한다.

⑤ 자기(porcelain) : 포슬린은 석질의 것과 카오린이라는 자기토를 고온(1,300~1,500℃)에서 딱딱하게 밀폐시켜 구워 유약을 바르고 만든 경질자기이다. 새하얀 투명감이 있고, 손으로 밀면 뽀드득 하는 소리가 나며 두드리면 맑은 소리가 난다. 자기는 고온에서 구워 완성한 것이라 투과성이 있다.

④와 ⑤는 합하여 현재 도자기로 분류되기도 한다.

〈도자기의 종류와 특징〉

종류	토기 (clayware)	사기 (stoneware)	도기 (pottery, chinaware)	파인 본차이나 (fine bone china)	자기 (porcelain)
원료	점토	점토	장석이나 석영에 소 등의 뼈를 태운 재가루를 가한 것	고령토에 장석이나 석영 등 혼합	
굽는 온도	700~900℃	1,200~1,300℃	1,000~1,200℃	1,200~1,400℃	1,300~1,500℃
유약	바르지 않는다	바르지 않는다	바른다	바른다	바른다
흡수성	없다.	없다	있다	없다	없다
투명도	불투명	불투명	불투명	반투명	반투명
특징	저온에서 유약처리 없이 구워 잘 깨짐	비교적 고온에서 굽기 때문에 내연성, 견고함. 투과성이 없음. 오븐요리, 레스토랑 호텔 등에서도 이용	저온에서 구웠기 때문에 덜 단단함. 물 침투성 있음. 두껍고 소박한 토기로 착색이 쉬워 다양한 컬러 무늬 가능	연질자기. 고령토 대신에 동물 뼈의 재를 50% 이상 이용. 유백색, 투명감, 부드러운 광택이 있음. 따뜻함이 있다.	경질자기. 석질의 것과 카오린이라는 고령토를 이용하여 고온에서 완성. 투명감, 투과성 손으로 긁으면 높고 맑은 소리.
대표	저렴한 화분 벽돌	아라비아(핀란드) 마졸리카(이탈리아)	델프트(네덜란드)	웨지우드(영국) 세브르(프랑스) 마이센(독일)	로열 코펜하겐(덴마크)

3) 개인용 식기류(Personal item)와 서비스 식기류(Service item)

(1) 개인용 식기류

디너접시, 샐러드 볼, 케이크접시, 컵, 소스그릇, 시리얼접시, 오드볼, 뷔페접시를 기본으로 한다.

(2) 서비스 식기류

퍼블릭 스페이스(Public space)용으로 수프냄비, 장식접시, 티포트, 샐러드 볼이 첨가된다.

(3) 식기류의 크기와 용도

다음은 식기류별 크기와 용도를 설명하였다.

〈식기류의 크기와 용도〉

- 언더 플레이트, 서비스 플레이트, 장식용 접시(지름 30cm 내외)

  손님의 자리를 표시하는 접시이다. 커트러리와 함께 처음에 배치한다. 아름다운 그림이나 무늬가 있는 것이 많아 식탁을 화사하게 한다.

- 디너접시(지름 27cm 내외)

  메인 디시의 어류나 육류를 담기 위한 접시이다.

- 고기용 접시(지름 23cm 내외)

  오르되브르, 아침식사나 런치용 혹은 뷔페용으로 사용한다. 샐러드나 디저트를 담는 데 쓰이기도 한다.

- 샐러드, 디저트접시(지름 21cm)

  디저트, 샐러드, 치즈 등에 이용한다. 아침식사나 전채용 접시로도 사용된다. 미국, 영국에서는 아침식사에도 디너접시를 사용하지만 유럽에서는 샐러드접시를 아침식사용으로 쓴다. 디저트가 케이크나 과일류이면 편편한 디저트접시를 이용하고, 아이스크림이나 셔벗 종류이면 시리얼 볼을 이용할 수 있다.

오벌(타원형)
43cm, 39cm, 35cm

스푸컵 세트
부이용 접시
200ml 내외

커피, 홍차 겸용
컵 & 소서
150~200ml

커피
컵 & 소서
150~200ml

데미터스 컵,
에스프레소 컵
80~100ml

시리얼 볼
17cm

수프 플레이트
20cm

수프 플레이트
15cm

소스 보트

- 케이크용 접시(지름 19cm 내외)

  케이크이나 치즈가 소량일 때 이용한다. 아뮤즈부슈나 글라스에 담긴 소르베의 받침접시로도 이용할 수 있다.

- 빵용 접시(지름 17cm 내외)

  빵을 놓는 접시이다. 처음 세팅 때 왼쪽에 준비한다.

- 티포트(900cc 내외)

  몸체가 짧은 포트이다. 티포트가 둥근 것은 홍차 잎이 안에서 회전하게 하기 위해서이다.

- 밀크저그, 슈가볼(높이 7~10cm)

  밀크나 크림을 넣어두는 포트는 밀크저그 혹은 밀크피쳐라고 하고 설탕은 슈가 볼 혹은 포트에 넣어둔다.

- 오벌(43cm, 39cm, 35cm)

  사람 수만큼 파티요리를 담는 데 사용한다. 각자 덜어 먹기도 하며 서비스를 받을 수도 있다.

- 부이용 컵, 수프컵 세트(200ml 내외)

  건더기가 작은 수프나 부이용에 알맞다.

- 홍차 커피 겸용 컵과 소서(150~200ml)

  커피용 컵에 비해 주둥이가 넓고 높이가 낮다. 커피를 담기도 하나 홍차의 투명한 색을 깨끗하게 보이게 하므로 홍차용으로 이용하면 좋다. 소서는 컵 한 잔이 들어갈 정도의 크기이다.

- 커피 컵과 소서(150~200ml)

  홍차용 컵에 비해 주둥이가 좁고 높이가 높다. 홍차 컵의 색깔 보기보다는 온도 유지가 잘 되는 기능을 가미했다. 소서는 평평한 것이 많다.

- 데미터스 컵, 에스프레소 컵(80~100ml)

  에스프레소나 카푸치노 등 진한 커피를 소량 마실 때 사용한다.

- 시리얼 볼, 과일용 접시(지름 14~17cm, 깊이 2cm)

  사이즈는 일정하게 정해져 있지 않다. 과일이나 다양한 형태의 국물을 담는 접시로 사용한다. 오트밀이나 시리얼 등의 아침식사용으로 오목한 것이 적당하다.

- 수프접시(지름 20cm, 깊이 2cm)

  식사 첫 코스로 수프나 국물요리를 담을 때 사용하는 접시로 사용된다. 요즘은 시리얼 볼을 더 많이 사용한다.

- 머그컵(깊이 9cm 전후)

  브랜드 커피나 우유를 마실 때 사용하는 것으로 받침이 없는 경우가 많다. 일반적으로 미국에서는 디너접시, 샐러드접시, 디저트접시, 시리얼 볼, 머그컵 5가지로 기본 세팅이 이루어지고 있다.

③ 커트러리류(Cutlery)

서양식 상차림에서 우리의 수저에 해당하는 스푼, 나이프, 포크 이 세 가지를 통틀어 커트러리(cutlery) 또는 플랫웨어(flatware)라고 한다.

커트러리 중에서 은으로 된 제품을 제일 고급으로 취급하는데, 순은 제품과 도금 제품은 실버웨어(silverware)라고도 부른다. 커트러리는 손잡이 문양에 따라 이름이 붙여지기도 한다. 예를 들면, 퀸 엘리자베스, 그랜드 바로크, 치펀데일 등 서양 고가구 문양의 이름을 빌린 것들이 있고, 좀 더 단순하고 현대적인 문양으로 장식한 이스톤, 시티 스크레이프, 러시모어 등이 있다.

커트러리는 보통 4인용 기준으로 20피스가 한 세트로 판매되는데 주식용 나이프와 포크는 육류용과 생선용에 따라 모양이 조금씩 다르다. 생선용은 육류용보다 크기가 조금 작고 손잡이나 칼날 등에 모양이 있으며 칼날이 거의 없어 날카롭지 않다. 테이블 세팅을 할 때 나이프와 포크의 개수는 요리 순서에 맞춰 결정된다. 식사 순서에 따라 바깥쪽에서 안쪽으로 사용하도록 놓는다. 포크는 왼쪽에, 나이프는 오른쪽에 놓고 나이프의 날은 접시를 향하게 배치한다. 후식용 스푼이나 포크는 후식과 함께 나중에 낸다. 그러나 처음부터 큰 접시 위쪽에 아이스크림용 스푼, 과일용 포크 등을 사용하는 순서에 따라 바깥쪽에서부터 안쪽의 순서로 놓는 경우도 많다. 빵접시는 포크 위쪽에 버터 나이프를 얹어 놓는다. 개인용 커트러리는 포크, 나이프, 티스푼 등이 있고 서비스용은 샐러드서버, 나이프서버, 집게 종류, 국자 종류 등 공동요리에 사용하는 것들이 있다. 정식 상차림에서는 나이프와 포크를 세 개씩 놓지만 일반 가정식에서는 주식용 나이프, 포크, 수저, 디저트용 스푼, 샐러드 포크, 버터 나이프, 티스푼 등이 필요하다.

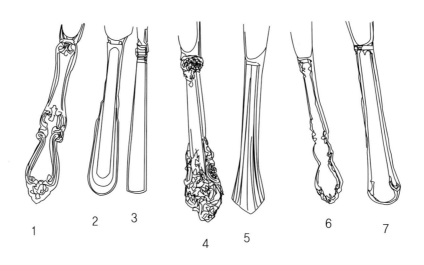

1 : 퀸 엘리자베스, 2 : 시티 스크레이프, 3 : 이스톤, 4 : 그랜드 바로크,
5 : 러시모어, 6 : 도버, 7 : 치펀데일

〈개인용 및 서비스용 커트러리 종류, 이름 및 용도〉

종류	이름	용도
	디저트 스푼	디저트용
	디저트 포크	오드볼 · 디저트용
	디저트 나이프	오드볼 · 디저트용
	티스푼	홍차 · 푸르츠칵테일용
	커피스푼	커피용
	케이크 포크	케이크 · 푸르츠용
	테이블(디너) 스푼	수프용
	테이블(디너) 포크	육요리용
	테이블(디너) 나이프	육요리용
	버터 나이프	버터(서비스용)
	버터 스프레더	버터(개인용)
	피쉬 나이프	생선요리용
	피쉬 포크	생선요리용
	피쉬소스 스푼	생선요리용
	푸르츠 나이프	푸르츠
	푸르츠 포크	푸르츠
	서비스 스푼	서비스용(샐러드, 푸르츠, 디저트용)
	서비스 포크	서비스용(육요리용)
	케이크서버	케이크 · 서비스용
	레토르	수프나 액체 음식용
	미트커빙 나이프	로스트비프 등의 육요리 서비스용
	미트커빙 포크	로스트비프 등의 육요리 서비스용

4 글라스류 (Glasses)

음료의 종류에 따라 이용할 수 있는 적절한 글라스가 다르다. 글라스는 입에 직접 닿는 감촉을 고려하여 음료의 색, 향 및 맛에 어울리는 모양을 고르도록 하며 음료를 최대한으로 즐길 수 있도록 배려한다. 글라스에는 기본적인 형태와 용도가 있으므로 이에 대한 기초지식을 익힌 후 자신의 기호에 맞도록 고른다. 흔히 사용되는 잔으로는 물잔(large goblet), 와인잔, 샴페인잔(flute), 아이스티잔, 위스키잔(on the rocks : 얼음조각을 넣을 수 있는 텀블러) 등이 있다. 개인용 글라스 종류는 포도주잔과 물잔류가 있으며, 세팅할 때 중앙에서부터 오른쪽에 물잔, 레드와인잔, 화이트와인잔 순으로 놓는다. 서비스용 글라스류는 피처, 와인 디캔터, 위스키 디캔터 등이 있다.

1) 글라스 종류와 용도

글라스는 모양에 따라 다리가 있는 고블렛과 텀블러로 구분한다. 다리가 있는 고블렛의 경우 와인 글라스는 레드와인 글라스 혹은 화이트와인 글라스라고 많이 부르며 물컵, 주스컵, 맥주용컵을 특히 텀블러라고 부른다. 와인 글라스는 무색 투명하고 무늬가 없는 심플한 디자인으로 다리가 가늘고 입부분이 좁은 것이 적당하다. 화이트와인은 차갑게 마셔야 좋기 때문에 공기와의 접촉이 적도록 입 부분을 좁게 만들고 냉기가 사라지기 전에 마실 수 있도록 작게 만든다. 레드와인은 실온에서 마시는 것이 좋으므로 잔이 화이트와인 글라스보다 크고 향이 오래 보존되도록 주둥이는 좁게 된 글라스를 쓴다. 샴페인 글라스는 샴페인의 거품과 향기를 오래 보존하기 위해 가늘고 긴 글라스를 많이 사용한다. 결혼식 등 축하의 자리에서 건배할 때는 평평하고 낮은 샴페인 큐브를 주로 사용하는데, 셔벗이나 아이스크림용 글라스로도 적당하다. 샴페인으로 건배할 때에는 일단 잔을 올려 축배를 한 후 한 모금 마시고 내려놓도록 한다.

〈다양한 글라스 종류〉

맥주용
고블렛

고블렛
(물, 주스, 맥주용)
180~300ml

레드와인
180ml

회이트 와인
150ml

샴페인 글라스
150ml

샴페인 큐브
135ml

셰리
90ml

리큐르
50ml

칵테일
120ml

브랜디
300ml

식전술, 칵테일용

텀블러

락글라스

200~240ml

카라체
1,000ml
(식탁와인, 미네랄워터용)

디켄터
720ml
(침전물 제거한 레드와인용)

브랜디 펀치 글라스는 향을 즐기기 위해 주둥이가 좁고 손바닥으로 따뜻하게 감싸며 마실 수 있도록 크고 다리가 짧다. 펀치 글라스는 과일이나 아이스크림을 담을 때 이용할 수 있다. 텀블러는 다리가 없어 일반 물컵이나 맥주컵으로 이용한다. 위스키용 락 글라스는 큰 얼음이 들어가도록 주둥이가 넓다.

리큐르, 셰리, 칵테일잔은 식전주나 칵테일용으로 이용한다. 디켄터(decanter)와 카라체는 와인을 옮기는 도구이다. 디켄터는 유리로 된 목이 길고 뚜껑이 달린 용기인데 침전물을 제거한 레드와인을 담기 좋고, 카라체에는 테이블와인을 담기 좋다. 카라체는 물을 담아 놓기에도 적당하다. 식사 전이나 후에 마신 술병이 테이블에 올라가지 않게 주의하며 식사 전·후의 술로는 칵테일, 브랜디, 체리주, 과실주가 적당하다.

2) 글라스웨어 사용법

글라스웨어는 음료를 적당량 담아 잔의 다리 부분을 가볍게 잡는다. 칵테일 냅킨이 있을 때는 냅킨으로 컵을 감싸준다. 더 이상의 서빙을 원치 않을 때는 손을 잔 위에 대거나 작은 소리로 정중하게 거절한다. 기름기나 립스틱 자국이 묻으면 티슈로 가볍게 닦아준다.

글라스웨어는 테이블에 세팅하기 전에 미지근한 물로 한 번 씻어 마른 행주로 닦아서 광택을 내주고 사용 후에도 곧바로 닦아 놓아야 맑고 투명한 글라스로 보존할 수 있다. 씻을 때는 중성세제를 푼 미지근한 물을 이용하며, 수세미나 거친 스펀지는 상처를 낼 수 있으므로 사용하지 않는다. 부드러운 면보로 닦은 후 천을 깐 선반 등에 올려놓고 물기를 뺀다. 물기가 빠지면 얇은 마나 면소재의 행주로 뽀드득 소리가 나도록 닦아 보관한다. 글라스는 맨손으로 잡지 말고 행주로 잡고 행주로 물기를 닦아야 지문이나 얼룩을 남기지 않는다. 크리스탈 글라스의 경우 커트의 움푹 들어간 부분에는 털로 된 브러시에 식초 혹은 레몬과 소금을 혼합한 것이나 알코올로 문지르면 더러운 것이 제거된다.

⑤ 우리나라 식기류

우리나라에서는 계절과 재료에 따라 알맞은 식기를 사용하였다. 겨울철에는 보온을 위해 유기식기를 사용하였고, 여름철에는 시원하게 보이기 위해 사기식기를 사용하였다. 옛 도자기는 선이 곱고 색이 순하여 내면적인 품위와 동양인의 정적인 정신자세를 상징하였다. 우리나라 도자기의 역사는 오래전 수렵어로의 식생활을 하던 신석기시대에 북방으로부터 집단으로 이동해 와서 생활하기 시작한 토착민의 무리로부터 시작되었다. 청동기시대에 이르러 빗살무늬토기가 민무늬토기로 바뀌었고, 붉은 간토기와 목기류, 칠기류 등이 공존하였다. 삼국시대에는 일상용기로 토기를 가장 많이 사용하였으나 상, 하층으로 구분된 사회제도와 주, 부식의 정착으로 재료와 종류 면에서 다양한 식기를 이용하였다. 삼국시대 상류층은 금, 은기, 도금(鍍金)기 등을 이용하였다. 종류도 다양하여 오지, 합과 같은 주식용 기명을 비롯하여 반찬거리를 담는 굽다리, 접시, 각종 조미료를 담는 용기, 항아리 쌀독, 보 등도 있었다.

통일신라시대의 토기는 모양이 세련되고 도장무늬 위에 연유의 변화가 있는 유색의 조화로 크게 발전하였다. 고려시대에는 철기, 금, 은기, 자기, 놋그릇 등이 있었으며 그 중 대표적 식기는 놋그릇과 고려청자이다. 12세기에는 상감청자의 기법이 개발되었으며 이 상감기법은 질과 양이 고려청자 중 가장 뛰어나 거의 1세기 동안 전성시대를 이루었으나, 1231년 몽골이 침입하여 고려가 원나라의 영향 하에 있으면서 상감기법을 비롯해 비취색과 선이 없어지고 서서히 실용성과 안정감을 보이다가 14세기말 고려의 망국과 함께 쇠퇴하였다.

고려 말기의 청자와 함께 조선시대의 도자기는 처음부터 분청사기와 백자기가 병행되어 사용되었다. 임진왜란 이후에는 색을 피한 평범하고 소박하며 큼직한 서민적인 순백의 자기가 주를 이루게 된다. 조선시대에 만들어진 도자기는 고려 말 퇴락한 청자의 맥을 이은 조선청자와 청자에서 일변한 분청사기, 처기의 고려계 백자, 원·명계 백자, 청화백자의 영향을 받아 발달된 도자기로 크게 분청사기와 백자기로 구분한다.

36년간의 일제강점기 하에서 한국의 도자기는 보잘것 없이 퇴보하였고, 모양은 지극히 평범하여 자연히 기교가 없어졌으며, 시유방법까지 간편한 방법으로 처리하여 막사발의 분위기가 나는 그릇으로 변한다. 이 밖에도 사기, 질그릇, 목기류, 곱돌솥 등이 있었으며, 사기는 서민용으로도 쓰였고, 목기류는 작은 그릇에서 함지박이나 바가지류, 각종 제기 등으로 다양하였다. 조선시대에는 반상기를 비롯한 각종 식기의 완성기라고 볼 수 있다.

수라상에 오르던 식기에는 밥을 담는 수라기, 국을 담는 탕기, 찌개를 담는 조치보혹은 뚝배기, 찜이나 선을 담는 조반기 혹은 합, 전골 또는 볶음을 담아내는 전골냄비와 합, 김치류를 담아내는 김치보, 장류를 담는 종지, 구이·산적 등을 담는 쟁첩, 육회·어회·어채·수란 등을 담는 평접시 등이 있다.

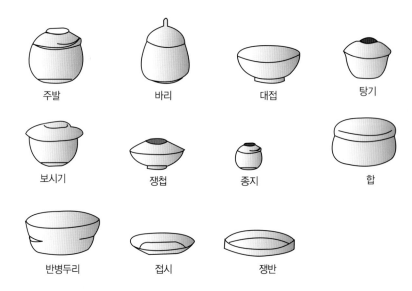

주발 : 남자용 밥그릇/ 바리 : 여자용 밥그릇/ 대접 : 숭늉, 국수 그릇/ 탕기 : 국그릇/ 조치
보 : 찌개그릇/ 보시기 : 김치그릇/ 쟁첩 : 뚜껑있는 반찬그릇/ 종지 : 간장, 초장, 초고추장
등 장류그릇/ 합·작은합 : 밥그릇/ 큰합 : 떡, 약식, 찜그릇

일상의 반상에 쓰이는 식기류를 반상기라 하며 식기의 종류에는 주발, 바리, 대접, 탕기, 보시기, 쟁첩, 종지, 합, 반병두리, 접시, 쟁반 등이 있다. 반상기의 식기와 용도는 왼쪽의 그림과 같다.

8.15 광복과 6.25 전쟁을 겪는 동안 크게 발달하지 못한 한국의 도자기 공업은 60년대를 시발점으로 급속히 진전되면서 현대적 시설의 공장이 속속 건설되어 국내 수요는 물론 수출산업으로까지 발전하게 되었다. 현재에는 현대화된 공장이 날로 증가하고 있으며 국책산업으로도 지정, 육성되고 있다.

6 일본의 식기류

일본에서는 약 1만 년 전의 토기인 조몬토기와 야요이토기를 기원으로 발전하였다. 헤이안시대부터 가마쿠라시대에 걸쳐서 중국의 도자기 기술이 전파되어 세도 지방에서 중국풍의 도기가 만들어지게 시작하였다. 일본의 도자기가 급격하게 발달된 것은 임진왜란 때 도요토미 히데요시의 부장들이 한국의 도공들을 인질로 데리고 귀국하여 도자기를 제작하게 하면서부터이다. 그 후 메이지시대에 독일의 바그너가 일본에 들어와 새 기술을 가르치고, 일본인도 해외에 유학하는 등 꾸준히 외국기술 도입에 주력하여 현재에는 서양식기의 주 생산국으로 발전하였다. 일본의 식기류는 도자기류, 칠기류, 죽세공류 및 목기로 나눌 수 있다.

1) 도자기류

일본은 그릇을 손으로 들고 먹고, 입술에 대기도 하는 식문화를 가지고 있으므로, 그릇의 형태를 고안할 때 입술에 대기에 알맞는 두께나 가늘고 균형잡힌 정교한 식기들이 고려된다. 일본의 식기로 세팅을 할 때에는 다음의 사항을 고려한다.

• 계절에 따른 문양이나 질감을 고른다.

- 주요리 식기를 먼저 생각하고 식기 전체 이미지와 조화를 생각한다.
- 큰 접시나 대접 등 모양이 대담한 것을 중앙에 놓고, 그 주변에는 작은 그릇을 안정된 색을 고려하여 배치한다. 소품으로 계절을 강조할 수 있다. 도기는 물 등을 담을 때 사용하는데 두껍기 때문에 음식의 보온·보냉을 길게 지속할 수 있다.
- 계란찜이나 송이버섯, 생선, 닭고기, 채소 등을 넣어 익힌 도빙무시 같은 음식은 그릇을 겹쳐 놓기도 하는데 이때에는 세팅 시 소리가 나지 않게 주의한다.

2) 칠기류

칠기는 옻의 수액을 변화하여 다양한 소재와 조화시켜 완성한다. 종류에는 목재를 가공하여 삼베를 붙여 만든 건칠(乾漆), 대나무로 엮어 만든 남태, 금속이나 도자기에 칠을 입힌 금태 혹은 도태 등이 있으며 플라스틱이나 가공된 목재로 실용적으로 만든 것 등으로 다양하다. 칠기의 붉은 색은 '밝음', '열다'라는 뜻으로 경사, 특별한 날을 의미하며, 옛날에는 신분이 높거나 공적이 있는 사람만 이용하였다.

칠기는 습기와 지나친 건조열은 피해야 하고, 마찰에 상처나기 쉬우며, 갈라지기 쉬우므로, 사용 후 부드러운 천이나 가제를 이용하여 미지근한 물로 닦고, 겨를 삶은 물이나 중성세제로 바로 세척한다. 하룻밤 정도 말린 후 부드러운 천으로 닦아 보관한다. 다음은 칠기에 그려진 계절을 상징하는 문양이다.

- 봄 : 벚꽃, 수선화, 버드나무, 창포, 고사리, 휘파람새, 모란
- 여름 : 수국, 새우, 파도
- 가을 : 짚, 분꽃, 가을풀, 단풍, 국화, 토끼, 사슴
- 겨울 : 어린 소나무, 매화, 동백나무, 참새
- 사계절 : 사군자(매, 난, 국, 죽), 송죽매와 학, 거북이

3) 죽세공

죽세공은 여름에 시원하게 사용하기 좋은 식기이다. 단독으로도 사용하며, 대나무 쟁반에 유리를 포개거나 죽세공에 작은 대나무 잎이나 종이를 곁들이거나 대나무발 접시 등으로 시원하게 이용할 수 있다. 형태와 질감도 다양하여 불로 쬐어 기름을 빼고 건조하여 표백한 백죽, 검붉게 그을린 대나무 바구니나 소쿠리도 있으며 옻을 입힌 견고한 남태 대나무 세공품도 있다. 젓가락이나 스푼, 주걱 등으로도 이용하며, 청죽의 줄기를 통째로 썰어 대나무밥통으로 이용하기도 한다.

4) 목 기

목기는 회석(懷石)요리에 사용하는 그릇이나 도시락통, 술통, 물통 등으로 이용한다. 장식이 절제되어 있고 나뭇결을 선호하는 일본인의 취향이 나타나 있다. 삼판쟁반 목기는 소나무, 단품, 부채, 단오절의 무사인형 등이 사계절 따라 그려져 있으며 현대에도 많이 이용되고 있다.

05

테이블 세팅과 린넨류

테이블 린넨은 언더클로스(under cloth), 테이블클로스(table cloth), 플레이스매트(place mat), 냅킨(napkin), 러너(runner), 도일리(doily) 등의 총칭이다. '린넨' 하면 소재로는 고급 마직이지만 실제 서양에서는 식탁에 사용되는 모든 직물을 가리킨다. 그래서 무지의 마부터 프린트가 된 목면에 이르기까지 여러 가지 것들을 통칭해 린넨이라고 부른다. 본 장에서는 린넨류에 대하여 구체적으로 알아보도록 한다.

① 린넨의 유래

냅킨의 처음 등장은 로마시대이다. 나이프로 자른 것을 손으로 집어먹기 위해 더러워진 손을 '맛파'라고 불리는 천에 닦았는데, 로마 제국의 멸망과 더불어 없어졌다가 루이 1세 시대 유럽에서 다시 등장하였다.

맛파가 변모하여 14세기경 보드클로스로 이름이 바뀌었다. 이것은 끝부분을 바닥까지 늘어뜨려 테이블 위에 걸쳤고, 클로스 위에 두 개로 잘린 탑클로스가 냅킨용으로 사용되었다. 식사 시 이 천에 더러워진 입과 손을 닦았다.

15세기경에는 바스 타올(bath towel) 크기의 린넨을 하인이 어깨에 걸치고 다녔다. 그 후 한 사람 한 사람에게 손을 닦는 작은 천이 제공되었고, 작은 것 또는 귀여운 것을 의미하는 '킨'이 붙어 냅킨이라는 단어가 생겨났다. 당시 상등품의 린넨은 은기의 가격에 비등할 만큼 고가이어서 사용 후에는 세탁하여 풀을 먹여 열쇠가 채워진 방에 보관하였다. 무역이 성하게 되면서 중국 견직물과 중·근동의 직물들이 유행처럼 퍼져 부의 상징으로 주단을 테이블 위에 걸쳐놓았던 것도 이 무렵이다.

17세기 후반에 접어들면서 나이프, 포크, 스푼이 세트처럼 되어 손으로 먹던 때와 달리 손이 더러워지지 않게 되자 린넨은 단순히 손을 닦는 용도에서 벗어나 주름을 잡아 식탁을 아름답게 디자인하는 용도로 이용되기 시작했다. 상류사회에서도 냅킨을 여러 가지 형태로 접어 부와 호화로움을 표시하는 상징으로 식탁을 장식했다. 19세기에 들어와 테이블 스타일이 확립되면서 다시 본래 냅킨의 용도로 사용되게 되었고 화려한 장식의 냅킨 홀더가 유행하였다.

현재 정찬용은 홀더 안에 넣지 않고 심플하게 접어 사용하며, 비정찬용이나 캐주얼 등에서는 다양한 냅킨홀더를 이용하고 있다.

② 언더클로스

언더클로스는 테이블클로스 아래에 먼저 까는 클로스이다. 테이블클로스가 얇은 소재가 아니더라도 식탁용 클로스 밑에 다른 천을 한 장 덧깔아 주면 식기의 미끄럼을 방지하고 접시, 커트러리, 글라스 등을 내려 놓을 때 소리가 나지 않게 한다. 언더 클로스는 테이블 크기보다 약간 큰 사이즈가 좋고, 식탁 가장자리로 눈에 띄게 빠져나오지 않을 정도의 크기면 된다. 미관상으로도 테이블클로스와 함께 이용 시 편안하고 포근하며 따뜻한 고급스러운 분위기를 연출할 수 있다. 언더클로스 소재로는 흰 목면에 제무늬가 있는 '다마스크' 직물이 고급이다. 양면이나 한면이 방모사인 것이나 비닐코팅지를 이용하기도 한다. 비닐코팅지는 방수성이 있으므로 사용 후 취급이 쉽다. 불필요해진 타올이나 시트를 이용할 수도 있다. 언더클로스를 깔 때에는 테이블클로스를 깔았을 때 아름다운 실루엣이 나올 수 있도록 반듯하게 깐다.

③ 테이블클로스

테이블 세팅 시에는 기본적으로 테이블클로스를 사용한다. 식탁보는 종류가 다양하기 때문에 T.P.O.를 고려한 선택을 하여 식기나 그 밖의 식탁용품들이 돋보이도록 하며 상차림의 분위기를 살린다. 디너용 테이블클로스를 선택할 때는 먼저 테이블 전체를 씌우는 풀 클로스(full cloth)의 프랑스식인지, 테이블의 개성을 살려 한 사람씩 런천 매트를 깔아주는 영국식인지를 결정하도록 한다. 마 소재로 커트레이스가 있거나 가장자리 장식이 붙어있는 것은 격식을 차리는 디너에 사용하도록 한다.

1) 테이블클로스의 크기

특별이 정해진 길이는 없지만 보통은 식탁 높이의 반 정도까지 내려오도록 한다. 일반적으로 테이블 크기보다 60~70cm 큰 것을 고르도록 한다. 캐주얼 세팅에서는 식탁 끝에서 25~30cm 늘어지는 크기가 적당하며, 포멀한 세팅의 경우에는 테이블에서 바닥으로 45~50cm 정도가 적당하다. 뷔페나 풀 클로스의 포멀한 분위기를 연출할 때에는 68cm 전후에 바닥 밑까지 내려가도록 한다.

(1) 캐주얼 분위기

캐주얼 분위기 클로스는 식탁의 크기보다 50cm 정도 더 큰 것이 좋다. 의자에 앉으면 무릎 위에 닿게 된다.

캐주얼한 분위기	
식탁	가로 130cm
	세로 80cm
클로스	가로 180cm
	세로 130cm
내려진 길이	25cm 전후

(2) 포멀 분위기

포멀 분위기 클로스는 식탁의 크기보다 90cm 더 큰 것을 준비한다. 의자에 앉으면 클로스를 무릎으로 미는 듯한 느낌이 든다.

포멀한 분위기		
식탁	가로	130cm
	세로	80cm
클로스	가로	220cm
	세로	170cm
내려진 길이	45cm	

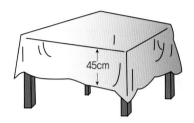

(3) 풀 클로스의 포멀 분위기

식탁 다리를 가리는 클로스를 풀 클로스라 한다. 바닥에서 2~3cm 떨어지면 더러움도 덜 타고 나팔꽃 모양으로 퍼지는 모양이 생겨 예쁘게 연출 할 수 있다.

풀 클로스의 포멀 분위기	
식탁	가로 90cm
	세로 70cm
클로스 지름	226cm 전후
내려진 길이	68cm

2) 테이블클로스의 소재

예전부터 테이블클로스나 냅킨, 시트 등에는 린넨을 주로 사용했다. 테이블클로스로는 소재가 마인 린넨마가 가장 격식있는 소재이다. 주로 마와 비단의 다마스크 직물은 포멀(formal)디너에, 비단은 세미포멀(semi-formal)에 이용되며, 캐주얼한 분위기로 갈수록 면, 폴리에스테르, 옥사블 및 비닐을 이용할 수 있다. 레이스와 오간디는 디너보다 티타임에 사용된다. 마는 튼튼하고 실의 굵기나 짜는 방법에 따라 두께를 다양하게 연출할 수 있다는 장점이 있으며, 물에 빨아도 쉽게 상하는 일이 없을 뿐 아니라 열에도 강하기 때문에 뜨거운 다림질도 잘 견뎌낸다. 또 감촉이 독특하고 편안하기 때문에 식탁에 깔면 사람들에게 자연스러운 느낌을 준다. 마 소재의 클로스는 구김이나 주름이 쉽게 생기기 때문에 식탁에 깔기 전에 반드시 물을 뿌려 다림질을 한다.

레스토랑 등에서 테이블클로스를 두 겹 엇갈려 연출하는 경우가 있다. 이를 더블 테이블클로스라 하며 매번 위의 것만을 세탁하면 된다. 이 경우 색과 무늬를 다양하게 연출 할 수 있다.

3) 테이블클로스의 색상

포멀한 상차림의 경우에는 하얀 계열의 얇은 천이나 레이스로 된 식탁보를 사용하고, 일상적인 상차림에서는 컬러풀하거나 프린트가 있는 식탁보를 사용하도록 한다. 프린트 무늬를 이용할 때는 식탁 위에 놓이는 식기, 수저, 잔, 중앙부 장식과 자연스럽게 어울려 식탁 소품들을 돋보이게 해줄 수 있는 무늬인지를 고려해야 한다.

4) 테이블클로스의 관리

손질을 잘 하면 테이블클로스를 오래 이용할 수 있다. 세탁 시에는 변색될 수 있으므로 일부를 빨아본 후 전체를 세탁한다. 세제를 녹인 물에 담아두면 얼룩 등이 쉽게 빠져 세탁이 쉬워지기도 한다. 세탁 후 반쯤 건조되었을 때 주름을 펴서 말리면 다림질이 쉽다. 다림질의 접는선은 청결함을 나타내기도 한다. 레스토랑에서는 일부러 이 다림질 선을 강조하여 매일 세탁한 증거의 의미로 보이게 하기도 한다.

④ 런천 매트(luncheon mat) 혹은 플래이스 매트(place mat)

매일 같은 테이블에서 식사를 하더라도 런천 매트를 이용하면 다양한 분위기의 연출이 가능하다. 특히 고급스러운 식탁은 테이블클로스로 전체를 가리기보다는 매트만을 이용하여 식탁의 라인이나 나뭇결 등을 살리는 세팅을 한다. 런천 매트로는 마 소재나 목면 소재도 좋으며, 계절과 분위기에 따라서 때로는 여성스럽게, 때로는 차분하게 분위기를 연출할 수 있다. 구입할 때는 세탁에 잘 견디는 것을 선택하도록 하고, 무늬 자체가 지나치게 눈에 띄거나 색이 강렬한 것은 쉽게 싫증이 날 수 있으므로 주의하도록 한다. 원칙적으로 테이블클로스와 플래이스 매트는 같이 사용하지 않으나 요즈음

은 색다른 효과적인 연출에 따라 함께 사용하는 경우가 많다. 매트는 보통은 캐주얼 분위기 연출에 적당하다. 포멀 분위기에 매트를 이용하려면 자수, 레이스, 린넨, 마 등 소재를 잘 선택한다. 기본 사이즈는 45×35cm가 적당하지만 경우에 따라서는 변형이 가능하다. 세팅을 할 때에는 되도록 글라스까지 매트 안에 들어올 수 있도록 하고 테이블클로스 위에 배치할 때에는 클로스와 식기류들과도 조화를 이룰 수 있는 색과 모양을 선택한다.

〈플래이스 매트의 크기〉

정찬용	점심식사용	티용
가로 50cm×세로 36cm	가로 45cm×세로 33cm	가로 40cm×세로 29cm
큰 디너접시가 놓일 수 있는 크기이다.	일반적 크기로 아침, 점심식사에 좋다.	케이크접시와 커피접시가 놓일 정도의 크기이다.

⑤ 냅킨(napkin)

냅킨은 옷이 더러워지는 것을 방지하고 입이나 손을 닦기 위해 곁들이는 천이지만, 넓게 펴 놓을 수도 있고 여러 가지 방법으로 모양을 내서 접어 놓을 수 있기 때문에 식탁을 아름답고 격조있게 장식하는 데도 한 몫 한다.

그릇의 색상, 패턴과 어울리는 냅킨을 준비해 다양한 모양으로 예쁘게 접어 식탁에 표정을 주면 식탁이 한결 부드러워질 뿐 아니라 초대하는 이의 정성을 느끼게 된다.

일반적으로 냅킨은 식탁보와 동일한 색상과 소재로 만든 것을 사용한다. 그러나 냅킨과 테이블클로스를 대조적인 색으로 구성하면 강조의 효과를 낼 수도 있다.

냅킨 접는 방법은 다음 장에 소개하였다. 냅킨은 크기가 다양한데 정찬용은 50×50cm~60×60cm, 캐주얼용의 일상생활용은 40×40cm~45×45cm, 티타임용은 20×20cm~30×30cm, 칵테일용은 15×15cm~20×20cm인 것을 주로 사용한다. 예쁘게 접어서 주요리 접시 가운데 놓거나 냅킨 홀더를 이용한다. 접는 방법은 여러 가지가 있으나 격식있는 자리일수록 장식용 접기는 피한다. 종이냅킨은 평소에 간편하게 사용하거나 칵테일, 아이들 파티, 뷔페 등 손님을 많이 대접할 때 사용한다. 냅킨의 크기에 따른 용도를 표로 정리하였다.

〈냅킨의 크기와 용도〉

정찬용(포멀 세팅)	모닝 런치 세팅(캐주얼)	티파티 세팅	칵테일파티 세팅
50×50cm 60×60cm	40×40cm 45×45cm	20×20cm 30×30cm	15×15cm 20×20cm
매우 포멀한 자리는 큰 냅킨을 준비한다. 소재 : 디마스크 직물, 린넨, 자수, 레이스	아침·점심의 일상식사용. 캐주얼 세팅. 소재 : 옥사블, 폴리에스테르, 비닐코팅	소재 : 레이스, 자수의 얇은 것, 손수건도 활용 가능함.	음료를 받을 때 사용되는 소형 냅킨. 소재 : 편리성을 고려, 종이 냅킨 이용 가능

6 러너(runner)

러너는 식탁 중앙을 가로지르는 천으로 퍼블릭 스페이스(public space)의 테이블 가운데 길게 뻗어 있는 천을 말한다. 폭, 길이와 비율은 자유롭게 선택할 수 있으나 대부분 30cm 폭으로 테이블클로스보다 테이블 밑으로 길게 늘어지는 것이 아름답게 보인다. 무늬가 있는 테이블클로스에는 무늬가 없는 러너를, 무늬가 없는 테이블 클로스에는 무늬가 있는 러너를 선택하면 조화로운 연출을 할 수 있다.

고급스러운 식탁에서는 러너와 매트만을 이용하여 식탁의 라인이나 나뭇결 등을 살리는 세팅을 할 수도 있다.

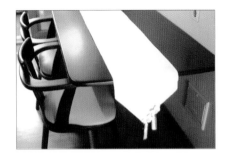

7 도일리(doily)

　도일리는 그릇과의 마찰로 인한 소리를 방지하기 위한 것이다. 크기는 지름 10cm 정도의 원형직물이나 레이스, 자수모양 혹은 정사각형 등으로 만든다. 세팅할 도기나 칠기 등의 사이에 도일리를 겹쳐서 깔아준다.

06

냅킨 접기 · 매트 만들기

상차림에서 식탁보와 함께 냅킨이나 매트의 색 및 모양의 효과는 식탁의 첫인상을 결정하는 주요 소품이다. 냅킨은 식탁의 분위기와 어울리게 다양한 방법으로 접을 수 있다. 냅킨 접는 방법에 따라 우아하기도 하고 단순하고 경쾌하기도 한 상차림이 될 수 있는 등 창의성이 돋보일 수 있다. 냅킨을 접을 때에는 쉽게 접을 수 있고 너무 복잡하지 않은 것이 오히려 멋스럽고 깨끗해 보인다. 포멀한 식탁일수록 복잡한 장식 접기는 피하는 것이 좋다. 한 번 접은 것은 청결을 위해 세탁 후 다려 이용하도록 한다. 접는 냅킨은 데커레이션이므로 반드시 해야 하는 것은 아니다. 전체적인 식탁 위의 디자인을 봐서 높이감이 없으면 냅킨으로 높이감을 내고, 식탁 위의 볼륨감이 지나칠 때에는 냅킨을 단순하게 하는 것이 좋다. 특히 식탁이 고급스럽거나 아름다운 경우 식탁보로 가리는 것보다는 단아한 매트만을 이용하는 것이 깔금하게 정돈되어 보일 수 있다. 다음은 쉬우면서도 보는 이들의 눈을 즐겁게 할 수 있는 다양한 냅킨 접는 방법과 매트 만드는 방법을 소개하였다.

① 냅킨 만들기

1) 테두리 있는 모자와 테두리 접은 모자

냅킨을 정사각형으로 접은 후 아랫부분이 윗부분의 약간 아래쪽만 덮는 삼각형을 만든다.

뒤집어 양끝을 서로 포개 넣는다.

뒤쪽으로 돌려 테두리를 사각형으로 접어내린다.

2) 주교관

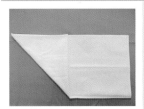

냅킨을 수평으로 반 접는다.
접힌 쪽 귀퉁이를
삼각모양으로 접는다.

반대방향도 삼각모양으로
접어 평행사변형을 만든다.

사변형 중심을 바깥쪽으로 접는다.

삼각형 꼭지가
펼쳐지도록 앞뒤를 만든다.

꼭지를 중심으로 앞뒤를
접어 귀퉁이를 서로 끼운다.

가운데를 세워 완성한다.

3) 부채 1

냅킨을 반으로 접어 주름을
잡는다.

만든 냅킨 홀더를 아래에 끼운다

위쪽을 펼쳐 부채를 만든다.

4) 부채 2

냅킨을 반으로 접는다.

짧은 쪽 끝으로부터
주름접기를 한다.

주름접기는 2/5 정도까지 한다.

주름이 잡히지 않은 부분을
아래쪽으로 접어 내린다.

내린 끝부분을 반대방향으로
접어 부채를 펼친다.

접시에 놓아 완성한다.

5) 쌍부채

냅킨 양옆으로부터 중앙으로
이불접기 한다. 짧은면 쪽으로
부터 주름을 잡는다.

뒤집어서 뒷면을 위로 하여
주름잡아도 되며 끝까지
주름잡는다.

중앙에 냅킨 홀더를 끼우고
쌍부채를 편다.

6) 연 꽃

냅킨의 귀퉁이를 같은
방향으로 두 번 접는다.

뒤집어 귀퉁이가 중앙에 오도록
한 번 더 접는다.

중앙을 한 손으로 누르고 뒤편
꽃잎을 편다.

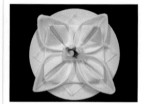

꽃잎의 모양을 매만진다.

뒤편에 있는 꽃잎받침을
앞으로 편다.

접시 위에 담아 완성한다.

7) 양쪽 롤 접기

냅킨을 반으로 접어 끝을
중앙까지 말아 올린다.

반대방향을 말아 올린다.

양쪽 끝을 중심까지 접어 완성
한다.

8) 토끼귀 접기

냅킨을 삼각형 모양의
반으로 접는다.

밑변으로부터 주름을 잡기
시작한다.

끝까지 주름을 잡아 끝을
중앙에 오도록 한다.

끝부분을 잡고 5대 3의
비율로 반으로 접는다.

긴 쪽으로 동그랗게 말아올린다.

말아올린 부분이 아래에 오도록
하여 접시에 놓는다.

9) 옷소매 1

냅킨을 삼각형의 반으로 접은
후 양끝을 중앙으로 다시 모아
정사각형을 만든다.

뒤집어 옷소매 모양으로
접는다.

소매 안쪽을 약간 만져 입체감을
준다.

10) 옷소매 2

냅킨을 반으로 접고 긴 쪽의 아래쪽을 약간만 더 접는다.	뒤집어 커트러리를 넣을 수 있는 주머니를 만든다.	커트러리와 꽃을 같이 넣기도 한다.

11) 주머니

냅킨을 1/4로 접은 후 각각의 면을 그림과 같이 아래로 접는다.	양쪽 귀퉁이를 뒤로 접어 주머니에 커트러리를 넣는다.	주머니에 꽃을 꽂거나 커트러리와 꽃을 같이 넣어도 된다.

12) 꽃봉오리

냅킨을 삼등분으로 접는다.	짧은 모서리가 중심을 향하도록 이불접기 한다.	다시 위쪽을 삼각형으로 접는다.

양쪽 상단부가 서로를 향하도록 아래쪽을 맞물린다.	꽃봉오리 모양을 만든다.	접시 위에 올려 놓아 완성한다.

13) 코사지

냅킨의 네 귀퉁이를 살짝 잡아 함께 들어 올린다.	끝부분을 잡고 모서리가 일치할 때까지 평평하게 잡아당긴다.	한 면의 양쪽 중심선에 맞추어 반씩 접고, 뒤집어 같은 방식으로 접는다.

아랫부분의 꼭지점이 수평선과 만날 때까지 접는다.	아랫부분을 반으로 접는다.	한 손으로 접은 밑단을 단단히 잡고 윗부분의 냅킨을 부드럽게 펼친다.

14) 바람개비

냅킨 꼭지점이 중심을 향하게 하여 접는다.

중심을 향해 직사각형으로 양변을 접는다.

좁은 쪽을 마찬가지로 양쪽을 접는다.

중심에서 네 개의 꼭지점을 밖으로 뽑는다.

왼쪽 꼭지는 바람개비처럼 위로 올린다.

오른쪽 꼭지는 밑으로 내려 바람개비를 완성한다.

15) 셔츠

네 개의 꼭지점이 중앙에 모이도록 접는다.

양쪽 모서리를 중심선 쪽으로 직사각형이 되도록 한다.

한쪽 모서리를 약간 뒤로 접는다.

뒤로 접은 양쪽 끝부분이
중심선에 오도록
칼라모양을 접는다.

아래쪽이 날개처럼 펼쳐지도록
양쪽 끝을 밖으로 접는다.

아랫부분을 접어 올려 셔츠의
칼라 부분 밑으로 넣어 고정한다.

16) 돛단배

펼쳐진 상태의 냅킨을
1/4로 접는다.

네 쪽으로 벌어진 꼭지를 반대편
꼭지와 맞물리도록 삼각형으로
접는다.

꼭지점을 누르면서 왼쪽과
오른쪽 모서리를 중심으로
접어내린다.

뾰족한 밑부분을 뒤로 접는다.

밑변을 잡고 가운데 선을
중심으로 뒤로 접는다.

밑부분을 단단히 잡고 돛단배의
모양이 나타나도록 위로 펼친다.

17) 아이리스 꽃

삼각형모양이 되도록 반으로 접어 밑면의 중심에서 꼭지점쪽으로 접는다.

양쪽을 똑같이 접는다.

밑부분이 가운데를 향하도록 위로 반 접는다.

냅킨 방향을 약간 돌리고 아코디언 모양을 접는다.

아래쪽을 잡고 양쪽 모두 주름 잡는다.

아래쪽을 컵에 넣어 완성한다.

18) 냅킨 세팅

② 매트 만들기

두꺼운 종이, 리본, 펀치 등을 이용하면 다양하고 창의성이 돋보이는 나만의 테이블 매트나 컵받침을 만들 수 있다.

1) 바둑판 모양 매트

두꺼운 종이를 알맞은 크기로 재단하여 리본을 한 방향으로 두른다.

뒤쪽은 테이프로 고정한다.

다른 리본을 수직 방향으로 지그재그로 엮는다.

격자무늬가 나오도록 위아래 교차로 리본을 엮는다.

매트를 완성한다.

가까이서 본 완성된 매트

2) 컵받침 1

두꺼운 종이를 알맞은 크기로 재단한다.

글루건을 이용하여 리본을 붙인다.

다른색의 리본을 번갈아 가며 붙인다.

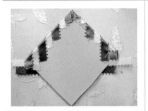

뒤쪽은 글루건이나 테이프로 고정한다.

글루건을 이용하여 구슬선을 붙인다.

컵받침을 완성한다.

3) 컵받침 2

두꺼운 종이와 장식용 조약돌을 이용한다.

강력 순간접착제로 조약돌을 고정한다.

조약돌 컵받침을 완성한다.

4) 컵받침 3

| 두꺼운 종이와 컬러테이프를 이용한다. | 색의 조화를 이루어 테이프를 붙인다. | 컵받침을 완성한다. |

5) 다양한 컵받침

  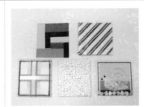

07

셴터피스(Centerpiece)와 꽃

1 센터피스의 의미와 역할

테이블 세팅의 분위기를 완성하는 것은 센터피스라는 식탁의 중앙에 놓는 장식물이다. 센터피스(Centerpiece)는 '중앙(center)'과 '조각(piece)'이란 두 낱말이 합하여 이루어진 단어이다. 센터피스의 역사는 오래 되지 않는다. 유럽에서 왕후귀족이나 지역유지가 부와 권력의 자랑을 위해 많은 사람을 초대하여 정찬식사를 할 때 테이블 위에 고급 은제나 도제로 된 호화로운 장식물을 가득 놓아 두고 즐기던 관습이 오늘날의 센터피스가 되었다.

러시아에서는 식습관에 따라서 중앙 공간이 비게 되자 소금, 후추, 설탕 등이나 귀한 과일류를 'nefu'(배라는 뜻)라는 그릇에 놓았는데 그것이 센터피스의 역할을 하기도 하였다. 이후 동양에서 꽃이 들어오면서 꽃으로 중앙을 장식하여 오늘날 일반적으로 센터피스라고 하면 꽃의 장식을 생각하게 되었다. 따라서 아름다운 유리 장식품이나 도기 인형, 동물이나 작은 새 등을 센터피스로 이용하여도 좋다.

유리잔과 함께 센터피스는 입체감을 나타내는 큰 역할을 하는데 테이블의 중앙 또는 주변에 올 수 있다. 센터피스는 식욕을 돋우고, 이야깃거리를 만들어주며, 마무리의 의미를 담고 있기도 하다. 일반적으로 센터피스로 많이 놓이는 것에는 과일, 계절 꽃의 아트플라워디자인, 촛대(candle stand) 등이 있다.

센터피스는 테마를 표현하고 테이블의 높이를 강조하는 역할을 하며 테이블의 1/9

정도 크기를 넘지 않아야 적당하다. 높이는 앉아서 보기에 부담스럽지 않은 높이로 25cm를 넘지 않도록 하고 눈높이를 가리지 않아야 한다. 높이가 약 45cm 이하로 높게 할 경우는 적은 송이의 꽃을 한두 송이 높게 꽂아 센터피스 사이로 보게 하는 경우도 있다. 센터피스는 주로 생화를 많이 이용하는데 이는 계절감을 표현할 수 있고 색감을 변화시키며 꽃의 형태에 따라 식사 분위기를 편안하고 아름답게 할 수 있기 때문이다.

② 플라워 디자인의 7원칙

생화를 이용하여 테이블 세팅을 마무리하는 센터피스는 디자인을 할 때 재료의 선택이나 제작과정에서 절대 법칙은 없다. 그러나 플라워 디자인도 모든 디자인 원리인 균형, 리듬, 강조, 조화, 비율 및 규모 등을 고려하여 디자인한다. 다음은 플라워 디자인에도 적용되는 7원칙이다.

1) 구성(composition)
주위 배경과의 짜임새 있는 관계이다.

2) 균형(balance)
일정한 중심점에서 양쪽이 평형을 이룬 상태이며 디자인에서 가장 중요한 원칙이다. 대칭적 균형, 비대칭적 균형, 방사형 균형이 있다.

- 대칭적 균형 : 양쪽을 거울처럼 같게 규칙적, 정식적, 수동적인 균형을 이룸.
- 비대칭적 균형 : 형태나 구성이 다르면서도 시각적 균형을 이룸. 자연스럽고 융통성 있는 능동적 균형.
- 방사적 균형 : 중심의 주위가 원을 이룬 곳에서의 중심균형.

3) 리듬(rhythm)

리듬은 연속성, 재현 또는 율동의 조직을 말한다. 리듬 혹은 율동은 조직화된 시각적 움직임으로 반복, 점진, 대조나 대비 등을 통해 단일성과 다양성을 나타낸다.

4) 강조(accent)

디자인에 주어지는 강세로서 강조가 없으면 단조롭다. 강조는 우세성(촛대나 휘기어류)과 부수성(식탁보 등)을 고려한다.

5) 통일(unity)

디자인에 속하는 부분들의 동일성, 사용된 재료와의 관계이다.

6) 비율(proportion)

구성요소들과의 관계와 크기로 전체에 대한 부분의 상대적 관계이다. 보통 테이블의 1/9 정도 크기를 넘지 않는다.

7) 조화(harmony)

구성요소들이 강조와 통일을 통하여 다양성과 통일성이 혼합된 조화를 이루게 하는 원칙이다.

③ 꽃으로 만드는 센터피스(flower arrangement)

화기(花器)는 주로 꽃병이나 수반을 이용한다. 바구니나 수프접시, 까만 숯이나 기왓장 등으로도 활용할 수 있다. 중심이 되는 꽃(center flower)은 송이가 크고 화려한 것(백합, 장미, 국화, 작약 등)으로, 이런 꽃들은 중심선에서 약간 비껴 꽂는다. 응용범위가 넓은 꽃들은 일년 내내 구할 수 있는 장미나 국화꽃이다. 그린(green)은 꽃과 꽃 사이의 간격을 메워주는 것으로 필러 플라워와 비슷한 역할을 한다. 그린에는 러스커스, 아스파라거스, 스프링 겔, 설유화, 복숭아가지, 매화, 사과가지 등이 있다.

플라워 디자인은 꽃이나 잎, 가지 등이 지니고 있는 특성에 따라 다음과 같이 꽃의 4가지 형태로 분류한다.

1) 라인 플라워(line flower)

라인 플라워는 긴 줄기에 열을 지어 핀 꽃을 총칭한다. 플라워 디자인에서는 선이 매우 중요하다. 곧은 줄기가 특징인 꽃꽂이를 할 수 있는 그라디올러스, 금어초와 같은 꽃이 라인 플라워이다. 직선 혹은 곡선의 형태를 구성하여 플라워 디자인의 기본 골격이라 할 수 있다.

2) 매스 플라워(mass flower)

선과 함께 꽃의 양적 이미지가 중요하다. 장미나 국화 등과 같이 한 덩어리로 된 꽃이나 크고 둥근 형태의 꽃은 그 자체가 양감을 가지고 있으므로 양감을 표현하는 매스 플라워의 작품구성에 좋다.

3) 필러 플라워(filler flower)

꽃과 꽃 사이의 공간을 채워주는 꽃으로 녹색 잎이나 잔잔한 꽃들이 좋다. 필러 플라워는 입체감을 내는 데 중요하며 효과적인 활용으로 작품을 더욱 돋보이게 할 수 있다. 꽃송이는 하나하나가 매우 작고 한 줄기 또는 여러 줄기에 많은 꽃들이 피어 있는 꽃들이다. 미니 장미, 소국, 안개꽃, 스타치스 등이 이에 속한다.

4) 폼 플라워(form flower)

형태를 만들기가 쉬운 중간 크기의 꽃을 말한다. 국화, 장미, 카네이션 등이 이에 속할 수 있다. 일정한 선이나 면이 자칫 단조로와서 플라워 디자인을 할 때 액센트 표현을 해야 하는 경우가 있는데, 이때 효과적인 꽃이 폼 플라워로서 특수 형태의 꽃이다.

4 계절감을 나타내는 컬러 이미지

센터피스가 생화가 좋은 이유는 살아있는 기(氣)를 얻을 수 있으므로 생동감이 있고, 자연에서 얻는 물건이므로 계절감을 나타낼 수 있으며, 색의 변화를 주기가 쉽기 때문이다. 또한 형태도 다양하므로 여러 가지 스타일을 낼 수가 있다. 꽃이 갖고 있는 특성을 계절감 있게 식탁의 성격에 맞추어 색과 이미지를 고려하여 디자인하면 더욱 생동감 있는 아름다운 식탁이 될 수 있다.

1) 봄
- 색 : 노랑, 주황, 연두
- 이미지 : 탄생과 부활의 의미, 평온, 아지랑이, 부드러운 바람

2) 여 름
- 색 : 흰색, 보라, 녹색, 파랑

- 이미지 : 청량감, 강렬, 신선, 바다

3) 가 을
- 색 : 갈색, 와인색, 열매, 곡식, 오렌지
- 이미지 : 고요함, 우아함, 풍요로운 결실

4) 겨 울
- 색 : 빨강, 주황, 자주
- 이미지 : 크리스마스, 신춘, 쌀쌀함, 엄격

⑤ 테마 식탁과 꽃

1) 아침 식탁
작은 꽃으로 아담하게 디자인한다. 너무 화려하지 않게 한다.

2) 오후 식탁
밝고 경쾌한 주변과 복장에 어울리는 꽃을 꽂는다. 색의 배합을 고려하여 우아하고 고상한 장식을 한다.

3) 정찬 식탁
포멀한 디너테이블의 꽃을 세팅할 때에는 품위있고 격조있으며 우아하고 대범하게 한다. 테이블보가 흰색이면 파스텔풍의 격조있는 꽃색이 어울릴 수 있다.

4) 가든 테이블
편안한 마음으로 뜰에 피는 작고 잔잔한 꽃을 자연스럽게 꽂는다.

6 배치 방법

1) 오벌(oval) 테이블

타원형의 테이블에는 가운데 선을 중심으로 길게 놓거나 3개 정도 늘어놓는다.

2) 라운드(round) 테이블

정 가운데 동그란 형태나 네모난 형태로 만들어 놓는다.

3) 뷔페(buffet) 테이블

사람이 서서 움직이므로 사람 키보다 높게 설치하는 것이 좋으며 무대 장치처럼 하는 것이 좋다. 사람들의 동선을 고려해서 다이내믹하면서도 한눈에 띄게 한다.

(1) 원 웨이(one way) : 왼쪽에서 오른쪽으로 가는 테이블에는 뒤쪽에 나란히 높이를 주어 장식하다.

(2) 아일랜드(island) : 가운데 선을 중심으로 길게 하되 높이를 달리하여 장식한다.

(3) 패러렐(pareallel) : 양쪽 음식이 똑같으므로 가운데 센터피스로 경계선을 만들어 준다.

7 꽃과 캔들스탠드 및 사람에 따른 음식접시의 위치

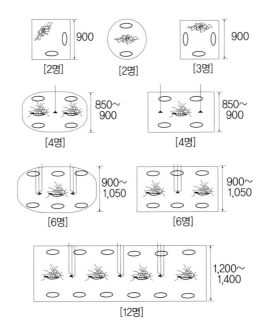

8 그 외의 소품

　1) 캔들(candle)
　2) 프랍(prop : property의 준말 : 소품)
　꽃 이외에 스토리에 맞는 물건들.

9 생화로 만드는 센터피스의 실습

　작은 꽃들과 오아시스, 적당히 큰 잎, 호일 등을 이용하여 적은 비용으로 손 쉽고 재미있는 센터피스를 만들 수 있다. 물에 충분히 담가 두었던 오아시스는 꽃을 꽃을 부분

만 남기고 호일로 물기가 떨어지지 않도록 싸준다. 큰 잎으로 오아시스의 옆면을 돌려서 핀이나 잎의 단단한 줄기부분으로 고정시키면 따로 화기를 준비할 필요가 없다. 작은 꽃들을 오아시스에 메우듯이 꽂는다. 몇 개를 만들어 일렬로 세워 놓거나 모아서 세워두면 특별한 솜씨가 없는 초보자들도 만들 수 있는 예쁜 센터피스가 된다. 이때 사진과 같이 흰색의 양초에 글루건을 이용하여 장식용 선을 둘러 근사한 장식초를 만들고 하나의 꽃꽂이 중심에 꽂아 중심을 잡아주면 더욱 아름다운 센터피스를 만들 수 있다.

08

과일깎기와 상차림

일반적으로 과일을 모양내어 깎아 예쁘게 담아 귀한 손님을 위한 후식이나 차상차림에 곁들이자면 어렵게 생각되고 걱정이 될 것이다. 그러나 약간의 연습과 노력으로 평범한 과일깎기가 푸드 스타일을 한 상차림으로 될 수 있다. 과일을 멋있게 깎는 일은 푸드 스타일리스트나 전문가의 솜씨로 전문가들이 쓰는 칼로 깎아야 된다고 생각하는 것은 옳지 않다. 여기에서는 전문가용 칼을 쓰는 과일깎기는 소개하지 않았으며 집에서 흔히 쓰는 식칼과 과도만으로도 조금만 연습하면 보통 과일을 예쁘게 깎아 조화롭게 담아 낼 수 있는 방법을 소개하였다.

① 사 과

1) 토끼귀 모양

　⑴ 사과는 세로로 8등분 한 후 바닥이 평평하게 되도록 꼭지부터 씨까지 일자로 깔끔하게 잘라낸다.

　⑵ 껍질과 과육 사이에 칼집을 넣어 $\frac{1}{3}$정도만 껍질을 남긴 후 껍질을 V자로 잘라 토끼 모양을 만들거나 나비 넥타이 모양을 만든다.

　⑶ 사과 깎은 것을 2~3쪽 담고 허브나 채소잎으로 장식을 한다.

2) 나뭇잎 모양

(1) 세로로 6등분 한다.

(2) 꼭지부터 씨까지 일자로 깔끔하게 잘라낸다.

(3) 양 가장자리에 V자로 홈이 패이도록 고르게 자른다.

(4) 일정한 간격으로 자른 것을 손으로 가지런히 밀어 나뭇잎 모양을 만든다.

(5) 사과 깎은 것을 2~3쪽 담고 허브나 채소잎으로 장식을 한다. 사과를 일렬로 담지말고 약간 어슷하게 담는다.

 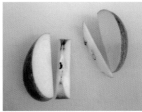 

② 멜 론

● 엇갈리게 지그재그로 담기

(1) 세로로 8등분 한다.

(2) 숟가락이나 나이프를 사용해 씨를 걷어낸다.

(3) 칼을 넣어 껍질과 과육을 분리한다.

(4) 일정한 간격으로 썰어 껍질 위에 엇갈리게 놓는다.

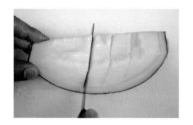

③ 바나나

1) 엇갈리게 자르기

(1) 바나나의 중심 부분이 관통하도록 칼을 꽂아 칼집을 낸다.

(2) 칼집 낸 반대면에 사선으로 칼집을 넣어 (1)의 칼집이 들어간 곳까지 잘라낸다.

(3) 반대편도 똑같은 방법으로 잘라낸 후 토막의 밑부분을 반듯하게 잘라 세운다.

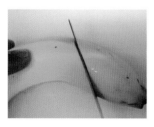

2) 보트모양

(1) 바나나는 깨끗이 씻어서 꼭지와 끝을 약간 잘라내고 밑부분을 약간 저며내야 접시에 담았을 때 넘어지지 않는다.

(2) 바나나 껍질 2쪽에 칼집을 껍질에만 들어갈 정도로 세 번 넣는다.

(3) 껍질을 벗겨서 돌돌 말아 꼭지 쪽에 꼬리로 고정하고 속의 바나나는 먹기좋은 크기로 썬다.

(4) 원형이나 직사각형 접시에 세워서 담는다. 레몬 등을 곁들이거나 뿌리면 색이 변하는 것을 막을 수 있다.

④ 수박

● 나무모양 썰기

(1) 세로로 8등분 한 뒤 2cm 두께로 얇게 썰어 삼각형이 되게 한다.

(2) 가운데 2cm 정도만 남기고 과육과 껍질 사이에 양쪽으로 칼집을 넣는다.

(3) 양쪽 껍질을 잘라낸다.

⑤ 토마토

● 날개모양

(1) 꼭지를 잘라내고 세로로 6등분 한 후 세울 수 있도록 꼭지 부분을 평평하게 잘라 낸다.

(2) 끝을 조금 남기고 껍질을 벗긴다.

(3) 껍질을 날개 모양으로 예쁘게 벌린다.

⑥ 오렌지

(1) 껍질째 깨끗하게 씻어 2등분한 후 껍질과 과육 사이에 칼집을 넣어 완전히 떨어 지지 않도록 3/4 정도만 자른다.

(2) 과육의 중간에 칼집을 넣어 반으로 펼친다.

7 참외

1) 참외 1(꽃잎 모양)

(1) 참외를 가로로 반 자른 다음, 다시 6등분 한다.

(2) 씨부분을 칼로 잘라낸다.

(3) 칼집을 넣은 후 아랫부분부터 1/3 정도 남기고 껍질을 벗긴다.

(4) 참외 껍질을 손을 사용해 안으로 밀어 넣는다.

2) 참외 2

(1) 참외는 2cm 두께로 동그랗게 저민 후 가장자리를 2~3조각 등분하여 넓은 그릇에 그대로 담는다.

(2) 남은 참외를 깎아 가운데 넣는다.

8 파인애플

● 모듬 과일 파인애플 보트

(1) 파인애플은 반으로 잘라서 가운데 심을 도려낸 후 과육만 잘라낸다.

(2) 나머지 파인애플의 심을 도려낸 후 한입 크기로 자른 파인애플을 올린다.

9 포 도

1) 포도 1(꽃모양)

(1) 거봉꼭지에 4등분 칼집을 내어 껍질을 반만 벗긴다.

(2) 그릇에 담는다.

2) 포도 2

(1) 깨끗한 포도를 한 알씩 떼어 개인접시에 담는다.

(2) 포도송이를 4~5개씩 붙어 있도록 작은송이로 만들어 담는다.

⑩ 망 고

● 거북이등과 부채

(1) 거북이 등모양은 망고의 반쪽 안쪽에 칼집을 넣어 껍질쪽을 안으로 밀어넣는다.

(2) 부채모양은 나머지 반쪽으로 반달모양으로 썬다.

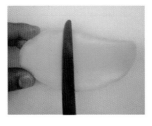  

11 과일칵테일과 화채

12 모듬 과일

09

차(茶 : tea)와 상차림

1 차의 개요

차나무는 동백과에 속하며 학명은 카 멜 리 아   시 넨 시 스(Camellia Sinensis)로 아열대성 식물이다. 차는 초기에는 약으로서 귀족들만이 마셨으나 6세기경부터 일반화되기 시작하였다.

2 차의 역사

중국 운남성이 원산지인 차는 중국에서 한반도를 거쳐 일본에 전해졌다. 초기에는 중국에서 유럽으로 전해졌으며 나중에는 일본에서 유럽으로 수출되었다. 특히 영국의 빅토리아 여왕 시대에는 홍차가 크게 유행하였다. 19세기 후반에 영국은 식민지에서 차를 재배하여 생산에서 소비까지를 전부 지배하는 홍차 대국이 되었다. 다음은 기록에 남은 차의 역사를 요약하였다.

- 4세기 : 경중국의 기록에 차 이야기가 남아있다.
- 6세기 : 경선덕여왕 때 제물용으로 차가 올려졌다.
- 1610년 : 네덜란드의 동인도회사에 의해 차가 수출되었다.
- 1773년 : 보스턴 티파티 사건
- 1775년 : 아메리카 독립전쟁
- 1840년 : 아편전쟁
- 1843년 : 베드포드 공작부인이 애프터눈 티(Afternoon Tea)를 유행시켰다.
- 1852년 : 티 클리퍼(T Clipper) 시대
- 1869년 : 수에즈운하 개통

3 차의 채취 시기, 제조법, 형태에 따른 분류

1) 채취 시기

5월경 채취하는 차를 봄차라 하며 6월경 채취하는 차는 여름차라 한다. 가을차는 8월경 채취한다.

2) 제조법

차 제조 시 발효 정도에 따라 표와 같이 분류한다.

불발효	녹차	반발효	우롱차, 화차
완전발효	홍차	후발효	흑차(보이차), 황차

3) 형태에 따른 분류

차의 형태에 따라 다음과 같이 분류한다.

- 잎차 : 작설차, 녹차, 홍차
- 단차 : 떡차(전차)
- 말차 : 가루
- 화차 : 쟈스민

4 3대 명차

세계 3대 명차의 생산지는 인도, 스리랑카 및 중국으로 알려져 있다.

1) 인도 홍차

(1) 다즐링(Darjeeling)

- 인도 북부 서쪽 뱅갈주의 다즐링 지방에서 산출된다.

- 차의 물빛은 엷고 오렌지색으로 산뜻한 떫은 맛이 특징이다.
- 홍차의 샴페인이라 불린다.

(2) 아쌈(Assam)
- 스트롱티로 인도 북부의 히말라야에서 나며 깊이와 향기가 부드러워 밀크티로 많이 쓴다.
- 4~6월에 수확되는 두 번째 신선한 차(second fresh tea)를 최고로 친다.
- 차의 물빛은 밝은 적갈색으로 강한 맛이 특징이다.

(3) 니루기리
- 남인도 카루나타가주의 지대에 생산되는 홍차이다.
- 니루기리는 '파란산'의 의미를 지니고 있다.
- 기후나 풍토가 스리랑카와 비슷하며 맛도 인도 홍차보다 스리랑카 홍차에 가깝다.
- 차의 물빛은 밝은 오렌지색으로 후레쉬하고 산뜻한 맛을 낸다.

2) 스리랑카

(1) 우바(Uva)
- 스리랑카 북부에서 나며, 특히 7~8월산의 우바 차는 고품질의 차로 평가받는다.
- 독특한 향기가 나고 떫은맛이 강하다. 난의 향기가 난다.
- 차의 물빛은 깨끗한 홍색이다.

(2) 딤브라(D1imbula)
- 스리랑카 중부 산악지대 서쪽의 팅브라에서 생산된다.
- 2~3월에 생산되는 것이 좋다.

• 차의 물빛은 밝은 오렌지색을 낸다.

(3) 누와라 엘리야(Nuwara Eliya)

① 스리랑카 중부 산악지대 서측 누와라 엘리야에서 생산된다.

② 1~2월에 생산되는 것이 좋다.

③ 차의 물빛은 엷은 오렌지색이다.

④ 맛은 우바와 딤브라와 비교했을 때 좀 더 부드러운 맛이 난다.

3) 중국 홍차

(1) 키문(Keemun)

• 중국 기문 지방에서 나는 차로 고안한 향기가 난다.

(2) 러브산스종

• 북건성에서 생산되는 차이다. 차의 물빛은 진한 홍색이다.

(3) 기타 중국차의 종류

① 운남 고산 백차(苦甘露차)

• 마시는 방법 : 세 손가락으로 한 번 집어서 일반 컵에 넣고 만들면 일인분으로 하루종일 마실 수 있다.

• 주요 기능 : 감기로 인해 기침하고 목이 아플 때 마시면 목을 촉촉하게 하고, 술, 담배를 해독시켜 기관지를 윤활하게 하며, 내열을 내려 준다고 알려져있다.

- 주의사항 : 처음 우린 차는 마시지 않는다.

② 보이차(金柳團)

- 마시는 방법 : 한 알을 우리면 10명이 하루종일 정도 마실 수 있고, 일인분으로는 10일까지 마실 수 있다.
- 주요 기능 : 옥수수 수염 3g을 섞어 마시면 혈압을 조절하고, 당뇨, 콜레스테롤을 낮춰 주며 다이어트에 좋은 것으로 알려져 있다. 꿀을 타서 마시면 변비에 특효이며 대추를 섞어 마시면 수면에 좋다고도 한다.

③ 오용차(東方美人)

- 마시는 방법 : 한 티스푼으로 12잔의 차를 만들 수 있다.
- 주요 기능 : 매일 아침 식전에 우유와 함께 마시면 내분비를 조절하여 피부를 부드럽게 해준다고 알려져 있다. 장기적으로 마시면 소화를 돕고, 신경쇠약, 위장에 이로우며, 빈혈에 좋다고 알려져 있다. 음주 후 해장 기능도 있다고 한다.

④ 쟈스민차

- 마시는 방법 : 8알로 물에 우려내어 여덟 잔의 차를 마실 수 있다.
- 주요기능 : 우려낸 후의 차잎을 눈 부위에 5분가량 붙이면 눈의 피로를 풀어줄 수 있다고 알려져 있다. 구기자와 섞어 마시면 더욱 효과가 좋다고 한다.

⑤ 차의 보존방법

- 냉장 보관은 피하고, 직사광선을 피하고 건조하며 통풍이 잘되는 곳에 두면 5년 동안 보존할 수 있다.

⑤ 차 상차림

1) 홍차 맛있게 끓이는 법

홍차를 맛있게 끓이는 4가지 규칙을 '골든 룰(Golden Rule)'이라고 한다. 예전부터 이어져 오는 정통적인 차 끓이는 방법으로 영국식의 가장 대표적인 방법이기도 하다.

(1) 신선한 물을 끓인다.

(2) 찻주전자와 찻잔은 미리 데워 놓고 100℃의 펄펄 끓는 물로 우려낸다. 홍차 향미의 주요 성분인 폴리페놀류는 물이 뜨거워야 잘 우러나오기 때문이다.

(3) 알맞은 양의 찻잎을 넣는다. 홍차의 양은 홍차의 종류, 등급, 마시는 방법, 만드는 분량 등에 의해 변하지만 기본은 1잔에 1티스푼으로 그 다음은 실제로 마셔보고 홍차의 양을 가감한다.

(4) 차를 우리는 시간을 지킨다. 티백은 1~1.5분, 가는 찻잎은 3분, 큰 찻잎은 4~5분 정도이다. 이때 모래시계를 이용하면 좋다. 일반적으로 2분이면 충분하며, 너무 짧으면 제대로 우러나오지 않고 너무 길면 떫은맛이 강해진다. 아무리 좋은 홍차라도 골든 룰을 지키지 않으면 제대로 된 홍차 맛을 즐길 수 없다.

2) 좋은 차(tea)를 선택하는 방법

(1) 마른 찻잎

기름지고 광택이 있는 것으로 비교적 짙은 것이 좋다. 황색을 띤 것은 녹색을 띤 것보다 품질이 떨어지므로 찻잎의 건조 상태를 파악한다.

(2) 차 향

차향의 분별은 꽃향기와 과일향기로 분류한다. 홍차는 비교적 향이 옅으나 입과 목을 개운하게 한다. 탄 냄새, 기름 냄새, 곰팡이 냄새, 구린 냄새가 있는 것은 품질이 낮은 차이다.

(3) 색

신선하고 맑으며 투명해야 한다. 색이 짙고 탁하며 어두운 것은 품질이 낮은 것이다.

(4) 맛

입에 들어가자마자 떫은맛과 함께 구린 냄새가 나면 품질이 낮은 차이다. 차 맛이 매끄럽고 단맛이 감돌며 코에 향기가 일어나면서 목에 개운함이 전해지는 것이 좋다.

3) 대표 홍차 브랜드

(1) 포트넘 앤 메이슨(Fortnum & Mason)

영국의 대표적인 홍차 회사로서 홍차뿐만 아니라 다양한 종류의 고급식품으로 취급된다.

(2) 아마드(Ahmad)

영국의 홍차회사로 저렴한 가격에 비해 향이 좋고, 다양한 과일향 홍차들이 많다.

(3) 트와이닝(Twinings)

세계에서 가장 오래된 홍차회사 중의 하나이다. 오렌지페코, 다즐링, 얼그레이, 레이디그레이 등이 있으며 특히 오렌지향이 들어간 레이디그레이는 트와이닝에서만 볼 수 있다.

(4) 위타드 오브 첼시아(Whittard of Chelsea)

영국을 비롯한 전 세계 100여 곳에서 40여 종이 넘는 차를 공급하고 있으며, 특히 일본에서는 가장 최고 품질의 차로 평가받고 있다.

(5) 틸러스(Tylos)

실론(스리랑카)산의 홍차를 주종으로 하는 브랜드이다. 실론, 얼그레이, 브렉퍼스트 등의 기본 홍차와 여러 가지 과일 홍차들이 있고, 홍차의 떫은맛이 적어서 처음 홍차를 대하는 사람에게 좋은 브랜드이다.

(6) 립톤(Lipton)

국내에서 가장 많이 접할 수 있는 홍차 브랜드이다. 여러 가지 찻잎을 섞는데 주종은 실론산이다. 우리나라에 들어오는 것은 옐로우 라벨의 립톤차이다. 립톤은 홍차를 전 세계에 보급시켜 '홍차 왕'이라는 칭호를 얻었다.

4) 홍차의 종류

(1) 스트레이트 티(Straight tea)

스트레이트는 보통 한 종류의 찻잎으로 만드는 차를 말하며 주로 산지의 이름을 그대로 따서 쓴다. 우리가 잘 아는 실론, 아샘, 다즐링 등이 여기에 속한다. 그러나 100% 원산지 차로 만든 것은 전문점이 아니면 구하기 어려울뿐더러 해마다 풍미가 달라지므로 대개는 원산지 차를 바탕으로 블렌드해서 만든다. 세계 3대 홍차인 다즐링, 키먼, 우바를 포함한 아샘, 실론 등이 스트레이트로 마시기 좋다. 스트레이트는 차의 종류이기도 하면서 차를 마시는 방법 중의 하나로도 불린다.

(2) 블렌드 티(Blended tea)

두 종류 이상의 찻잎을 배합해 만든 것을 말하며, 일정한 품질 유지를 위해 스트레이트 티도 블렌드하고 있으므로 일반적으로 마시는 홍차들은 대부분 블렌드 티라고 할 수 있다. 잉글리시 브렉퍼스트, 잉글리시 애프터눈, 오렌지 페코, 로열 블렌드, 모닝, 아이리시 브렉퍼스트, 차이나 등 회사마다 다양한 브랜드로 나온다. 잉글리시 브렉퍼스트나 아이리시 브렉퍼스트 등은 맛과 향이 강하여 밀크 티용으로, 잉글리시 애프터눈과 오렌지 페코는 가장 대중적인 홍차로 스트레이트로 마시는 게 더 좋다고 알려져 있다.

(3) 향 티(Flavored tea)

찻잎에 베르가못, 정향나무, 사과, 딸기, 복숭아 등의 향을 더하여 만든 차이다. 중국 흑차에 베르가못 향을 더한 훈제 차인 얼그레이차는 스트레이트나 아이스 티로 마신다. 각종 과일 차, 꽃잎 차, 로즈 티 등이 있다.

5) 홍차의 등급

녹차와 마찬가지로 채취시기와 찻잎의 크기에 따라 등급이 매겨진다. 일반적으로 9~10월경에 줄기 끝에서 난 어린 잎을 따서 발효시켜 찻잎이 작고 흰털이 많은 것이 상등품이며 대부분 잎차 형태로 판매된다. 티백용으로는 색이 짙고 찻잎이 거친 중하급품을 주로 사용한다.

(1) 페코(Pekoe)

중국어의 '白毫', 즉 흰 털이라는 뜻이다. 줄기 끝의 어린 잎에는 흰털이 나 있는데 초기의 고급 차는 나뭇가지 끝의 어린 잎만을 따서 만들었으나 지금은 비슷한 크기의 잎을 모아 만든 차를 의미한다.

(2) 오렌지(Orange)

유래는 확실하지는 않으나 네덜란드의 오렌지 가문에서 비롯되었다는 이야기와 향이 나도록 오렌지 가지를 차에 넣는 중국의 관습에서 비롯되었다는 이야기가 있다. 오렌지 페코는 페코보다 고급이다. 가장 고급인 플라워리 오렌지 페코(Flowery Orange Pekoe : F.O.P.)에서 '플라워리(Flowery)'는 꽃이 아닌 잎의 눈을 가리킨다. 잎의 눈에는 가는 털이 나있는데 이를 '팁(tip)'이라 하며 팁이 많은 차를 티피(tippy)라 부른다. 오렌지 페코(Orange Pekoe)는 등급이 아닌 홍차의 대표적인 브랜드이기도 하다.

(3) 소총(Souchong)

커다란 잎을 말하며 찻잎을 체로 걸러 일정한 크기별로 모아 만든다. 찻잎 전체와 큰 찻잎 조각들을 거르고 남은 조각 중에서 큰 것은 패닝(Fannings), 작은 것은 더스트(Dust)라 부른다. 상자에 든 차는 보통 찻잎 전체로 만든 차이다.

(4) 티백(Tea bag)

티백의 차는 브로큰 오렌지 페코(Broken Orange Pekoe), 브로큰 페코(Broken Pekoe), 패닝(Fannings), 더스트(Dust)인 경우가 많으며 찻잎이 잘게 부서져 있어 빠른 시간에 차를 마실 수 있으나 표면적이 넓어 쉽게 상한다.

6) 다양한 맛과 향의 홍차들

(1) 얼그레이 티

베르가못이라는 과일나무의 향을 찻잎에 섞은 차로 맛이 담백하고 산뜻하여 아침식사 후나 기름기 많은 저녁식사 후에 마시면 편안하고 좋다. 우유나 설탕 없이 즐겨도 좋다.

(2) 다즐링 티

다즐링 티는 카페인을 제거하여 오후나 저녁시간에도 부담 없이 즐길 수 있다. 떫은맛이 없으며, 우유를 첨가하면 더욱 부드럽게 즐길 수 있다.

(3) 키먼 티

중국이 원산지로 처음 맛은 좀 강하지만 뒷맛이 달콤하고 부드러우며 깔끔하다. 차 색깔은 맑고 밝다.

(4) 썸머 티

샴페인, 딸기, 장미향의 조화로 상쾌하고 시원한 느낌을 주는 홍차이다. 맛은 가벼운듯 하여 깊은 맛을 음미한다기보다는 시원하고 상큼한 분위기로 마시기에 좋다.

(5) 실론 오렌지 피코

전통적인 실론 차로 맛이 순하다. 색은 은은한 황금빛깔이며 맛도 진하지 않고 은은한 맛이라 하루 중 어느 때나 즐겨도 어울린다. 오렌지 피코는 고급 홍차의 등급을 의미하기도 한다.

(6) 실론 티

스리랑카 섬에서 재배되는 차로 황금빛깔을 띤다. 실론 티는 강하면서도 뒷맛이 개운하여 홍차 고유의 맛을 즐길 수 있고 여유와 낭만을 느낄 수 있는 차이다.

(7) 잉글리시 브렉퍼스트

향과 맛이 강한 영국 홍차이다. 카페인이 많아 아침에 일어나 마시면 정신을 맑게 하고, 밀크 티로 마시기 좋은 차이다.

(8) 피치 홍차

복숭아 향이 가미된 향 홍차이다. 홍차 고유의 향미를 복숭아 향과 같이 즐길 수 있고, 달콤한 맛 때문에 처음 홍차를 접하는 사람들이 마시기에 부담이 없다.

(9) 패션 프루츠 향 홍차

패션 프루츠 향 홍차는 시계 초나무 열매 향과 잎을 찻잎과 함께 블렌드하여 만든 차로 달콤한 향이 난다. 과일 향이 은은하게 나고 떫은맛이 적은 특징이 있다.

7) 영국인의 티타임

영국인은 많게는 하루 8번씩 홍차를 자주 마시는 편이다. 티파티의 종류는 다음과 같다.

얼리모닝 티 (Early morning, bed tea)	· 잠자리에서 일어나자마자 마시는 차 · 갈증해소, 수분공급, 졸음을 쫓아주는 등의 생리적 역할을 한다. · 정서적으로는 남성이 여성에게 가져다 서비스하는 사랑이 담긴 차문화이다.
브랙퍼스트 티 (Brcakfast tea)	· 아침식사와 같이 마시는 차는 강하지 않은 것으로 한다. · 수분의 보급과 음식이 잘 넘어가게 하고, 소화촉진, 신진대사활동에 좋은 생리적 활동을 한다.
오전 11시 티 (Elevenses tea)	· 티 브레이크(tea break) 때 마시는 것으로 예전에는 사무실에도 차를 나누어 주는 티 레이디가 있었다.
런치 티 (Lunch)	· 차와 어울리는 음식으로 메뉴를 짠다. · 연어가 대표적인 요리재료이다.
애프터눈 티(Afternoon tea) 다크애프터눈 티 혹은 하이 티 (Dark Afternoon, high tea)	· 오후 3시경 여자들이 모여서 과자나 케이크와 함께 마시는 차이다. · 남성적인 차로 오후 5시 이후 마시는 차이다. · 시골에서 하루 종일 농사짓고 돌아와 저녁 먹기 전에 간단한 요기로 마시는 차를 이르기도 한다.
정찬 티(Dinner tea)	· 정찬과 함께 마시는 티이다.
애프터디너 티 (After dinner tea)	· 식사 후 마시는 홍차이다. 휴식, 온화, 편안, 여유, 단란, 사랑의 개념이 있다.

8) 티파티(afternoon tea party)

티파티는 오후 2시~4시 무렵에 샌드위치 · 케이크 · 쿠키 등과 함께 차를 마시며 즐기는 모임이다.

(1) 티파티 개요

- 특징 : 주로 여성이 중심이 되어 오후 3시에서 4시 사이에 열리는 모임으로 차와 가벼운 음식을 차려놓고 열린다.
- 목적 : 리셉션, 오픈 하우스, 생일, 강연회 등이 목적이 된다.
- 스타일 : 시팅 스타일(sitting style), 뷔페 시팅 스타일(Buffet sitting style)이 있고, 형식을 갖춰서 포멀(formal)하거나 가볍고 부담 없게 캐주얼(casual)한 티파티를 한다.
- 초대 인원 : 목적에 맞도록 인원수를 정해 모임의 주제가 흐트러지지 않게 한다.
- 장소 : 식당, 거실, 선룸, 가든 등에서 할 수 있다.
- 메뉴 : 스콘, 타르트, 샌드위치, 초콜릿 케이크, 마드렌느, 쉬폰케이크, 쿠키, 제철 과일 등을 사용한다.
- 분위기 : 우아하게 장식하고 이끌어 나간다.
- 초대 방법 : 초대장(invitation card)이나 명함을 이용한다.

(2) 코디네이션 아이템

- 린넨 : 테이블클로스, 냅킨
- 커트러리 : 디저트 스푼, 포크, 디저트 나이프
- 플레이트 : 디너 접시, 손잡이 달린 케이크 접시, 타원형 접시, 샌드위치 접시, 잼과 생크림용 접시
- 삼단 스텐드, 홍차용 차 주전자(tea pot), 차 수저(tea caddy), 차 여과기(tea strainer), 뜨거운 물용 주전자(hot water jug), 우유용 주전자(milk jug), 설탕통(sugar pot), 케이크용 나이프 등이 있다.

차 여과기, 홍차, 나이프・수저・포크

차 여과기

집게, 여과기, 차 스푼

케이크스텐드

차 주전자, 모래시계 및 차컵

워머

차 주전자, 뜨거운 물용 주전자,
설탕통, 우유용 주전자

삼단 쿠키스탠드

케이크 집게와 은쟁반

냅킨, 디저트용 수저・포크

(3) 다양한 티파티 차림

- 주최한 부인은 손님 앞에서 서비스한다.
- 홍차는 강한 향미, 중간 향미, 약한 향미(Strong tea, Medium tea, Weak tea)의 차를 모래시계 등을 이용하여 시간으로 조절하여 만든다.
- "조금 진하게"나 "조금 약하게" 등 손님의 기호를 듣는다.
- 설탕, 우유는 주최한 부인이 서비스할 필요는 없다.

6 한국의 전통 다례

한국의 전통 다례는 끽다법, 전다법, 행다법 다례법으로 불린다. 이와 같이 명칭은 각양각색이지만 그 내용은 차를 우려서 손님을 대접하며 함께 마시는 방법을 말한다. 이 다례는 다인 각자의 취향에 따라 각기 다르며, 어떤 이는 차를 마시는 데 있어서 무슨 법식이 필요하겠느냐고 그 불 필요론을 펴기도 하고, 더러는 옛 법식은 복잡해서 현대생활에 맞지 않으니까 간소화하자면서 새로운 법식을 만들어서 통일하자는 주장도 있다. 모든 주장이 나름대로 일리가 있으나 그렇다고 어느 한 쪽에 치우칠 수도 없어서 마치 현대 문명이 다양하듯 차를 행하는 일도 다양할 수밖에 없는 것이 다도계의 현실이다. 그러나 어느 방법을 택하고 주장하든 자기 법식만을 고집할 것이 아니라 남의 법식도 어떤 것이며 그 의미가 어디에 있는가를 알아둘 필요가 있다. 다음은 전통 다례를 행하는 방법을 서술하였다.

행다법식으로 다례를 행하는 방법

⑴ 주인과 손님이 함께 인사를 나눈다. 상좌에 병풍 치고 그 서남쪽에 주인이 동향하여 앉으며, 주인의 좌측 앞에 시중 들 행자가 동향하여 앉는다. 손님은 동쪽에서 서향하여 주인과 마주보고 앉는다. 모두 오른손이 위로 가게 공수한 손을 오른쪽 다리 위에 올려놓고 앉는다. 인사를 할 때는 오른쪽 무릎을 세우고 두 손을 양옆으로 늘어뜨려 치마자락 밑으로 밀어 넣으며 바닥을 짚으면서 고개를 15° 정도 숙여 다소곳이 경의를 표한다.

(2) 주인은 우측으로 돌아 남향에 서서 찻상을 향하고 행자도 남향하여 앉는다. 주인은 차를 만들기 위해 찻상보를 걷는다. 상보는 팔덕을 의미하여 여덟 번을 접어서 상 아래에 단정하게 놓는다.

(3) 주인은 오른손으로 마른행주를 집어다가 왼손에 옮겨 쥔 다음 다시 오른손으로 바꿔 쥐고 솥뚜껑 손잡이를 덮어 쥐어 뚜껑을 연 다음 오른쪽에 놓는다.

(4) 주인은 왼손으로 물뜨개(포자)를 집어다가 오른손으로 쥔 다음 솥 위에 걸쳐놓는다.

(5) 주인은 차받침을 아래로 내려놓고, 물식힘 그릇과 다관은 오른쪽으로 옮겨 놓는다. 그리고 솥 위에 걸쳐놓았던 물뜨개를 오른손으로 들어 솥의 뜨거운 물을 떠서 물식힘 그릇에 붓는다.

(6) 주인은 물식힘 그릇의 물을 들어 다관에 따른다. 그리고 상 위에 엎어져 있던 찻잔을 하나씩 주인 앞으로 가져와서 두 손으로 뒤집어서 다시 상 위에 갖다 놓는다.

(7) 주인은 다관을 들어 뜨거운 물을 찻잔마다 1/2 정도씩 골고루 따른다. 다시 물뜨개로 솥의 뜨거운 물을 떠서 물식힘 그릇에 붓고, 차통의 차를 찻숟갈로 조심스럽게 떠서 다관에 넣는다.

(8) 주인은 다관의 차가 우러날 동안 왼손에 마른행주를 들고 오른손으로 물이 담긴 찻잔을 하나씩 가져다가 마른행주를 든 왼손으로 받쳐들고 한 번 돌린 다음 물은 퇴수기에 버리고, 찻잔은 제자리에 놓는다.

(9) 주인은 오른손으로 다관을 가져다가 왼손 위에 올려놓고 찻잔을 돌리듯 한 번 정도 돌려서 차가 고루 섞이게 한다.

(10) 주인은 오른손으로 다관의 손잡이를 들고 마른행주를 쥔 왼손으로 다관 뚜껑을 누른 다음 각 찻잔에 차례로 차를 조금씩 따르고 다시 각 찻잔에 차례대로 차를 따른다. 두 번에 나누어 따르는 이유는 각 찻잔의 차의 양과 농도를 똑같이 하기 위해서이다.

(11) 주인은 상 밑에 놓았던 차받침을 왼손으로 들고 오른손으로 찻잔을 집어다가

차받침으로 찻잔 밑을 한 번 닦은 다음 찻잔을 앞에 있는 상 위에 놓는다.

(12) 주인의 옆에 앉아 있던 행자가 엄지손가락이 상 위에 올려지지 않게, 네 손가락을 모아서 두 손으로 찻상을 받쳐들고 손님 앞으로 가져간다. 이때 행자는 팔꿈이 90°가 되게 손을 굽혀서 상을 앞으로 쭉 빼서 든다.

(13) 행자는 나아가 손위 손님의 앞부터 차례로 찻잔을 놓는다.

(14) 찻잔을 다 놓으면 주인, 행자, 손님이 함께 "차를 드시라"는 인사를 한다.

(15) 주인이 차가 잘 달여졌는지 먼저 한 모금 마신다.

(16) 주인이 손님들께 권하면 손님은 차를 마시고, 주인은 두 번째 차를 준비 한다.

(17) 행자는 찻잔을 받쳤던 상을 주인 옆으로 가지고 와서 과자그릇을 받쳐서 다시 손님 앞으로 가져간다. 과자그릇을 손님 앞의 상 위에 올리고, 연장자 앞으로 손잡이가 가도록 젓가락을 과자그릇 위에 놓는다. 이때 주인은 두 번째 차를 상 위에 놓고 손님과 담소하며 다과를 든다.

(18) 다 먹으면 행자는 다관 찻잔, 과자, 접시를 상에 받쳐서 주인 앞에 가져다 놓고, 주인은 찻잔에 찬물을 붓는다.

(19) 주인은 찻잔을 헹구어 퇴수기에 물을 쏟고, 찻잔을 마른행주로 닦아서 상 위에 포개 놓는다. 물식힘 그릇과 다관도 마른행주로 닦아 상 위에 놓고, 차받침은 닦아 다관 아래에 놓은 다음 마른행주를 제자리에 놓는다. 찻숟갈은 차받침 위에 놓고, 차통은 차받침의 오른쪽 옆에 놓는다.

(20) 주인은 왼쪽 상 위의 마른행주를 집어다 오른손에 쥐고 왼쪽 상을 닦는다. 다 닦은 다음 오른쪽 상 위의 다구들을 왼쪽 상 위로 옮겨 놓는다. 주인은 상보를 펴서 찻상을 덮고 조금 뒤로 물러앉아 손님에게 인사한다.

(21) 주인, 행자, 손님이 자리에서 일어나 공수하고 서서 상체를 15° 정도 앞으로 숙여 공손히 인사한다.

10

한식 상차림

1 한식의 일반적 특징

우리나라가 유목민족 시절에는 이동할 때 깨지지 않도록 금속 식기를 사용하였고, 말린 고기를 먹었으며, 농경사회에는 곡물 음식문화가 발달하였다.

주식과 부식을 명확히 구분하여 밥과 반찬을 명확히 하였으며 반찬의 수를 정해서 상을 차렸다. 젓가락, 숟가락을 이용하였으며, 좌식 테이블을 사용하였다.

반찬의 특징은 갖은 양념이며 음양오행설(陰陽五行說)에 따라 오색오미(五色五味)의 음식을 만들어 오색을 맞추고자 하였다. 음식으로 오색이 갖춰지지 않는 것은 고명을 올려 색과 맛을 맞췄다. 미나리(靑), 고추(赤), 달걀노른자 지단(黃), 달걀흰자 지단(白), 석이버섯(黑) 등이 대표적인 고명으로 많이 쓰였다. 또한 '건강과 음식은 근원이 같다'고 하는 의식동원(醫食同源)의 개념으로 보양식(保養食)과 양생(養生)음식이 발달하였다. 유교사상의 영향으로 식사를 할 때 서열이 있고, 절제된 예법이 생활화되어 있다. 주자학(의례식)의 영향으로 관혼상례 격식의 근원이 되었으며 쌈과 발효식품(간장, 된장, 김치 등)이 발달하였다.

전통 한국음식의 특징은 한 상에 한꺼번에 모두 차려내는 것이다. 우리나라에서도 상고시대의 상차림은 입식 차림이었다. 고려시대에도 상탁 위에 음식을 담은 쟁반을 놓아 상차림한 것으로 보이며 조선시대에 와서 좌식상으로 고정되었다.

조선시대에 정립된 상차림은 유교이념을 근본으로 한 가부장적 대가족 제도가 크게 반영되었고 음식을 담는 그릇도 담는 상차림에 따라 대체로 규격화되었다. 상은 네모지거나 둥근 것을 썼다. 서양식에서 흔히 볼 수 있는 코스정식을 응용한 코스한정식 상차림은 외국인이나 관광객들에게 더 친숙하게 한식을 접하게 하는 방법이 될 수 있으며 이제는 외식산업체에서 많이 볼 수 있다.

2 상차림 종류

한국의 일상식은 쌀과 잡곡을 재료로 하여 지은 밥을 주식으로 하고, 여기에 반찬을 배합하여 밥과 반찬으로 구성한 밥상차림으로 일상식을 차린다. 조선시대에 일상식 차림의 구성법이 정착되었고, 현재 다음과 같은 원칙에 따라 상을 차린다.

1) 상차림의 원칙

(1) 밥이 주가 되고 반찬이 부가 된다.

(2) 밥그릇은 상의 앞줄 중간에서 왼쪽에, 국그릇은 오른쪽에 놓는다.

(3) 국물 있는 그릇은 가까이, 수저는 반드시 오른쪽에 놓는다.

(4) 영양과 맛을 고려하여 재료와 조리법을 선택하고 상차림을 한다.

(5) 식사하는 사람의 수에 따라 외상과 겸상으로 나눈다. 손님에게는 계층에 관계없이 누구에게나 외상으로 대접한다.

(6) 상은 네모지거나 둥근 것을 쓰고 음식을 차릴 때에는 반드시 음식 높이를 일정하게 한다.

2) 상차림의 구조와 메뉴

상차림은 한 상에 차려지는 주식 및 반찬의 종류와 가짓수 및 배열방법을 의미한다. 일상식은 반상, 죽상, 면상, 만두상, 떡국상과 손님 대접용으로는 주안상, 교자상, 다과상이 있다.

(1) 반상 : 밥을 주식으로 탕(국), 김치를 기본으로 차리는 밥상이다. 나이 어린 사람

에게는 밥상, 어른에게는 진짓상, 임금님 밥상은 수라상이라고 한다. 상에 놓이는 음식의 종류와 수에 따라 전통 반상차림의 종류가 달라진다. 첩수로 상차림을 구분하는데, 첩이란 뚜껑이 있는 반찬 그릇을 말하는 것으로 밥, 탕(국), 김치, 찌개, 장 등을 제외한 반찬 그릇의 수를 의미한다. 3첩은 서민들의 상차림이었고, 5첩은 여유가 있는 서민층의 상차림이었다. 7첩과 9첩은 반가의 상차림이었다. 혼자 받는 외상 또는 독상, 두 사람이 같이하는 겸상도 있다.

〈첩수에 따른 반찬 종류〉

구분	기본–첩수에 들어가지 않는 음식							첩수에 들어가는 음식										
구분	밥	탕	김치	종지	조치(찌개)	찜	전골(선)	나물 숙채	나물 생채	구이	조림	전류	마른반찬	장과	젓갈	회	편육	수란
3첩	○	○	○	간장			○	택1		택1			택1					
5첩	○	○	○	간장 초간장	찌개		○	○	○	택1		○	택1					
7첩	○	○	○	간장 초간장 초고추장	찌개	찜	○	○	○	○	○	○	택1			택1		
9첩	○	○	○	간장 초간장 초고추장	찌개	찜	○	○	2	2	○	○	○	○	○	택1		
12첩	○	○	○	간장 초간장 초고추장	찌개	찜	○	2	2	2	○	○	○	○	○	2	○	○

예를 들어, 7첩반상은 7가지 반찬을 올리는 상으로 첩수에서 밥, 탕(국), 김치, 간장, 초간장, 초고추장, 찌개는 첩수에 들지 않는다. 반찬으로는 숙채(익힌나물), 생채,

구이나 조림, 전, 찜, 마른반찬, 회 종류의 반찬을 상에 올린다. 이때 반찬 재료들이 겹치지 않도록 하여 골고루 영양의 균형을 맞추는 것이 중요하다. 7첩반상은 통과 의례 상차림은 아니고, 반상차림 종류의 하나이다.

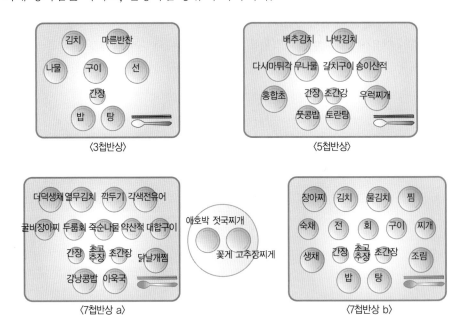

궁중음식은 12첩반상으로 임금님만 드실 수 있는 수라상 차림이다. 동성동본의 결혼이 금지되어 있어 왕가와 사대부가의 혼인이 이루어졌고 이로 인해 궁중과 사대부가 음식의 왕래가 잦았으며 전국에서 들어온 진상품(특산품)으로 조리기술이 뛰어난 주방 상궁과 대량 숙수에 의해 발달·전승 되었다. 기미상궁, 전골담당상궁, 수라상궁의 3명이 임금의 식사를 도왔다. 수라상은 대원반, 소원반, 책상반, 주칠원반, 수저 2개(담백한 음식용, 기름진 음식용), 토구로 구성되었다.

(2) 죽상 : 이른 아침에 간단히 차리는 상. 찌개류(젓국이나 소금으로 간, 맑은 조치), 김치류(나박김치, 동치미), 마른 찬(육포, 북어무침 등)을 2가지 정도 곁들인다.

(3) 장국상(면상·만두상·떡국상) : 밥을 대신하여 주식으로 차리는 상으로 점심 또는 간단한 식사 때 차리는 상이다. 전유어·잡채·배추김치·나박김치 등을 반찬으로 상에 올린다.

(4) 주안상 : 술을 대접하기 위해 차리는 상이다. 술과 함께 국물 있는 음식(전골, 찌개)·전유어·회·편육·김치를 술안주로 상에 올린다.

(5) 교자상 : 경사가 있을 때 장방형의 큰상에 차려 여러 사람이 함께 둘러앉아 음식을 먹도록 하는 상이다. 주식으로 냉면·온면·떡국·만두 중 계절에 맞는 것을 선택하고, 탕·찜·전유어·편육·적·회·겨자채·잡채·구절판·신선로 등을 반찬으로 놓는다. 배추김치·오이소박이·나박김치·장김치 중에서 두 가지 쯤을 상에 차린다.

(6) 다과상 : 주안상이나 교자상을 차릴 때 나중에 내는 후식상이다. 각색편, 유밀과, 유과, 다식, 숙실과, 생실과, 화채, 차 등을 냈다.

③ 통과의례 상차림

사람이 태어나서 죽을 때까지 행하는 의식을 통과의례라 하여 음식을 갖추어서 의례를 지킨다. 즉, 탄생, 삼칠일, 백일, 돌, 관례, 혼례, 회갑, 회혼례, 상례, 제례 등을 거치게 되는데, 그때마다 특별한 상차림이 있다. 현재까지도 우리 식생활에서 차려지는 것으로 다음과 같은 상차림이 있다.

1) 큰 상

생일, 회갑, 결혼 등의 대사 때 차리는 상으로 음식을 괴는 높이의 치수는 5치, 7치, 1자 1치, 1자 3치, 1자 5치 등 홀수로 한다. 큰상은 음식을 높이 고이므로 고배상이라 하고, 또 그 자리에서 먹지 않고 바라만 보는 상으로 망상이라고도 한다. 기본이 되는 큰상은 다음의 그림과 같다. 큰상을 차리고 부모님의 바로 앞에 드실 음식을 따로 차린 상을 입매상이라고 한다. 입매상은 장국상으로 차린다. 밥 대신 국수나 만둣국, 떡국을 주식으로 하며, 식사 후 먹을 떡이나 조과 생과도 같이 차린다.

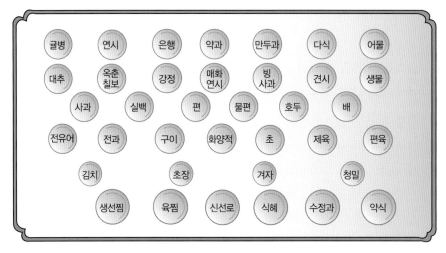

〈큰상차림〉

2) 백일상

출생 후 백일이 되는 날을 축하하기 위하여 차리는 상이다. 백일상은 흰밥, 고기를 넣고 끓인 미역국, 푸른색의 나물, 백설기, 붉은 팥고물을 묻힌 차수수 경단과 오색의 송편으로 상을 차린다. 백설기는 신성함을 의미하며, 붉은 팥고물 차수수 경단은 나쁜 일을 막음을 나타내고, 오색 송편은 만물의 조화의 의미가 담겨져 있다.

3) 돌 상

아기가 태어나서 만으로 한 해가 되는 날을 돌이라 한다. 백일잔치는 못하더라도 돌 잔치만은 빈부를 막론하고 차려준다. 돌상에 차리는 음식과 물건은 아기의 장수, 자손의 번성과 다재다복의 의미가 담겨져 있다. 돌상에는 아기를 위해 새로 마련한 밥그릇과 국그릇에 흰밥과 미역국을 담아놓고, 푸른 나물, 백설기, 인절미, 오색 송편, 붉은 팥 차수수 경단, 생과일, 쌀, 국수, 대추, 흰 무명실, 돈 등을 놓는다. 그 외에 남자아이에게는 칼, 화살, 책, 종이 및 붓을 놓고, 여자아이에게는 실, 바늘, 가위 및 자 등을 놓는다. 돌잡이는 돌상 앞에 무명천을 놓고 아기를 올려 앉혀 돌상 위의 물건이나 음식을 잡아보도록 하는 것이다. 무엇을 먼저 잡느냐에 따라 아기의 장래를 점치며 즐거워한다. 무명실과 국수는 장수를 위해서, 쌀은 먹을 복을, 대추는 자손 번영을, 종이ㆍ붓ㆍ책은 학문이 탁월하기를 바라는 뜻에서 놓는다. 활은 용감하고 무술에 능하기를, 자와 청실ㆍ홍실은 여자가 바느질을 잘 하기를 기원하는 옛 풍습이다. 요즈음은 남녀가 똑같은 교육을 받고 있으므로 돌상에 놓는 물건들이 달라져야 할 것이다.

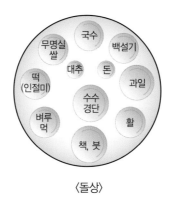

〈돌상〉

4) 회갑상

60회 생신을 회갑연(回甲宴) 또는 수연(壽宴)이라고도 하여 이날은 큰 잔치를 벌인다. 회갑상차림은 고배상(高排床)이라 하여 높게 상을 고이는데, 조과(造果)와 생과(生果)는 1척 5촌, 육물(肉物)은 1척 2촌을 고인다. 가풍에 따라 음식을 차리고 의례를 행하는데 회갑에는 어느 쪽 부모 생신이든 내외가 같이 앉아서 축수를 받는다. 혹 혼자일 경우는 형제나 동서가 앉는다. 자손들이 모두 즐거운 분위기 속에서 술잔을 올리고 큰절을 드리는 의례가 끝나면 가무도 즐기면서 음식을 푸짐하게 대접한다. 회갑연 다음

큰 잔치로는 7순잔치, 8순잔치, 9순잔치까지 있으며, 혼인한지 60년이 되면 회혼례(回婚禮)라 하여 아주 성대한 잔치를 벌인다.

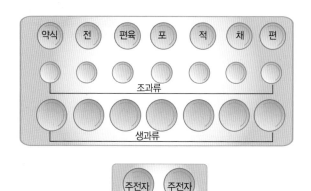

5) 혼례음식

오늘날 대부분의 사람들은 서양식으로 혼례를 치르고 우리나라 전통의식 중에서 일부만 따르는 실정이다. 혼례음식 및 상차림에는 봉치떡(봉채떡), 교배상, 폐백음식, 큰상 등이 있고, 혼례의 여러 단계에서 각각 다른 의식에 쓰이기 때문에 사용하는 음식이다르다. 혼례음식은 많이 간소화하여 납폐의식 때의 봉치떡과 폐백을 드릴 때 준비하는 음식만이 지금까지 만들어지고 있는데, 전통을 살리고 현대인의 생활과 예의에 적합하게 준비한 혼례음식은 계승하는 것이 바람직하다.

⑴ 봉치떡(봉채떡) : 납폐는 신랑집에서 함을 보내 신부집에서 받는 일이다. 이때 신랑집과 신부집에서는 봉치떡을 준비한다. 요즈음은 주로 신부집에서 준비하는데, 찹쌀 3되, 붉은팥 1되로 시루떡 2켜만을 시루에 안치고 대추 7개를 중앙에

놓아 함이 들어올 시간에 맞추어 쪄서 준비한다.

함이 들어오는 시간에는 북향으로 돗자리를 깔고 상을 놓는다. 상 위에 붉은 색의 천을 깐 후 그 위에다 떡시루를 엎어놓고 기다린다. 함이 오면 함을 받아 시루 위에 놓고 북향 재배한 후 함을 연다. 봉치떡을 찹쌀로 하는 것은 찹쌀처럼 부부의 금슬이 잘 화합하라는 뜻이고, 붉은팥의 고물은 화를 피하라는 뜻이며, 7개의 대추는 아들 7형제를 상징하는 것이다.

(2) 폐백음식 : 혼례를 치르고 신부가 시부모와 시댁의 여러 친척들에게 처음 인사를 드리는 예를 행한다. 이때 신부 쪽에서 준비하여 시부모님과 시조부님께 드리는 음식을 폐백음식이라 한다. 폐백에 쓰이는 음식은 지방마다 약간씩 차이가 있지만 일반적으로 대추와 쇠고기 편포로 한다. 서울에서는 시부모님께 편포나 육포, 밤, 대추, 엿, 술을, 시조부님께는 닭, 대추, 밤을 준비한다. 전라도에서는 대추와 꿩 폐백을, 경상도에서는 대추와 닭 폐백을 올린다. 폐백음식은 청 · 홍색 겹보자기로 그릇째 싸는데, 포는 청이 겉으로 나오게 하고 대추는 홍이 겉으로 나오게 싸며 네 귀를 매지 않는 풍습이 있다. 이는 네 귀가 모아진 채로 늘어져 보기에도 좋고 결혼 생활 내내 서로 잘 이해하며 잘 살라는 뜻이다. 두꺼운 백지를 4~5cm 너비로 오려 둥글게 붙인 다음 청 • 홍 보자기의 네 귀를 올려서 모아 끼운다. 이 띠를 근봉띠라 한다.

6) 차례상과 제사상

조상께 제사를 올리는 제사상은 통과의례의 관혼상제 중 사례의 하나로 아주 경건하게 치루는 의례이다. 제사상은 정월명절과 추석명절에 차리는 차례상이 있고, 돌아가신 날에 올리는 기제사상이 있다. 차례상에는 정월에는 떡국을, 추석에는 송편을 올리고, 기제사상에는 메(밥)를 올린다.

(1) 차례 상차림 원칙

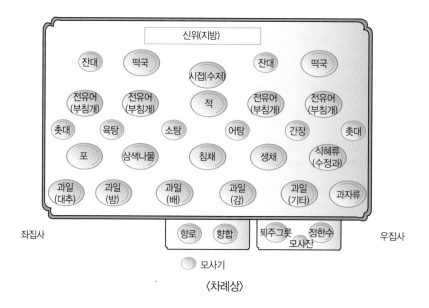

〈차례상〉

① 밥과 국의 위치 : '반서갱동'으로 밥은 서쪽, 국은 동쪽이다. 산 사람의 상차림과 반대로 제사자의 입장에서 밥은 왼쪽, 국은 오른쪽으로 놓는다. 숟가락과 젓가락은 중앙에 놓는다.

② 생선과 고기의 위치 : '어동육서'로 생선은 동쪽, 고기는 서쪽에 놓는 것이 원칙이다. 즉 생선은 오른쪽, 고기는 왼쪽에 놓는다.

③ 머리, 꼬리의 위치 : '두동미서'로서('방'서 '차') 머리와 꼬리가 분명한 제수는 높은 방위인 동쪽, 즉 오른쪽(제사자의 입장)으로 머리가 가고 꼬리는 왼쪽으로 가게 놓는다. 그러나 지방에 따라서는 서쪽이 상위라 하여 머리를 서쪽으로 놓는 집도 있다.

④ 과일의 위치 : '홍동백서'로서 붉은 과일은 동쪽, 흰 과일은 서쪽에 놓는다. 실제 제사에서는 집집마다 약간씩 다르다. 사례편람의 예서에는 보통 전열의 왼쪽에

서부터 대추, 밤, 배, 감(곶감)의 순서로 놓고 있다. 배와 감은 순서를 바꾸기도 한다. 전열의 오른쪽에는 약과, 유과 등의 과자류를 놓는다.

⑤ 적의 위치 : '적전중앙' 으로서 적은 상의 중앙인 3열의 가운데에 놓는다. 적은 옛날에는 술을 올릴 때마다 즉석에서 구워 올리던 제수의 중심 음식이었으나 지금은 다른 제수와 마찬가지로 미리 구워 제상의 한 가운데에 놓는다.

(2) 제사상차림 원칙

제사상은 가가례(家家禮)라 하여 가문과 지방에 따라 조금씩 다르기는 하나 일반적으로 제물을 올릴 때는 제사상 북쪽에 병풍을 치고 우(右)를 동족, 좌(左)를 서쪽으로 하여 어동육서(漁東肉西), 좌포우해(左脯右醢), 홍동백서(紅東白西), 조율이시(棗栗梨枾)로 제기(祭器)에 담고, 제사상의 탕은 삼탕, 삼적, 오탕, 오적 등으로 형편에 맞게 마련한다. 과일은 삼색으로 복숭아는 원칙적으로 올리지 않으며, 고춧가루는 사용하지 않는다. 그리고 제수용품은 짝을 맞추지 않고 홀수로 놓는다.

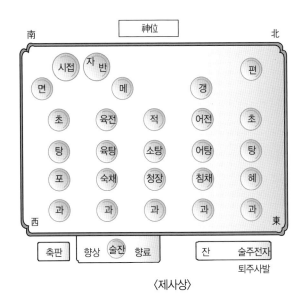

〈제사상〉

4 절식과 시식

우리나라는 기후·계절과 밀접한 관계가 있는 농경 위주의 생활을 하고 세시가 뚜렷하여 세시풍속이 발달하였다. 명절 때 해먹는 음식을 절식(節食), 계절마다 신선한 재료로 만들어 먹는 음식을 시식(時食)이라 한다. 설날, 정월대보름, 중화절, 삼월 삼짓날, 사월 초파일, 단오, 유두일, 삼복, 칠석, 추석, 중양절, 시월 무오일, 동지, 납일 등 절기 때마다 음식을 만들어 즐겼다. 절식과 시식에는 각 계절의 식품을 사용하여 음식을 만들어 먹음으로써 재앙을 예방하고, 몸을 보양하며, 조상을 숭배하고자 하였다. 지금도 흔히 먹는 대표적 절식과 시식에 대해 알아보기로 한다.

〈 한국의 시절과 시절식 〉

	시절	음식의 종류
1월	설날(1월 1일)	떡국, 만두, 편육, 전유어, 육회, 느름적, 떡찜, 잡채, 장김치, 배추김치, 약식, 정과, 식혜, 수정과, 강정
	정월대보름 (1월 15일)	오곡밥, 김구이, 9가지 나물, 유밀과, 원소병, 부럼, 나박김치
2월	중화절	약주, 생실과(밤, 대추, 건시), 포(육포, 어포), 절편, 유밀과
3월	삼짇날(성묘일)	약주, 생실과(밤, 대추, 건시), 포(육포, 어포), 절편, 화전, 화채(진달래), 조기면, 탕평채, 화면
4월	석가탄신일 (초파일)	느티떡, 쑥떡, 국화적, 양색주악, 생실과, 화채(가련수정과, 순채, 책면), 웅어회, 도미회, 미나리 강회, 도미찜
5월	단오(5월 5일)	증편, 수리치떡, 생실과, 앵도편, 앵도화채, 제호탕, 준치만두, 준칫국
6월	유두(6월 6일)	편수, 깻국, 어신, 어채, 구절판, 밀쌈, 생실과, 화전(봉선화, 감꽃잎, 맨드라미), 복분자 화채, 보리수단, 떡수단
7월	칠석(7월 7일)	깨절편, 밀설기, 주악, 규아상, 흰 떡국, 깻국탕, 영계탕, 어채, 생실과(참외)
	삼복	육개장, 잉어구이, 오이소박이, 증편, 복숭아화채, 구장, 복국
8월	한가위 (8월 15일)	토란탕, 가리찜(닭찜), 송이산적, 잡채, 햅쌀밥, 김구이, 나물, 생실과, 송편, 밤단자, 배화채, 배숙
9월	중양절(9월 9일)	감국전, 밤단자, 화채(유자, 배), 생실과, 국화주
10월	무오일	무시루떡, 감국전, 무오병, 유자화채, 생실과
11월	동지	팥죽, 동치미, 생실과, 경단, 식혜, 수정과, 전약
12월	그믐	골무병, 주악, 정가, 잡과, 식혜, 수정과, 떡국, 만두, 골동반, 완자탕, 갖은 전골, 장김치

1) 정월의 절식

설은 음력 정월 초하룻날로 원단(元鍛), 세수(歲首), 원일(元日), 신원(新元), 정초라고도 부른다.

설은 한 해가 시작되는 뜻에서 모든 일에 조심스럽게 첫 발을 내딛는 매우 뜻 깊은 명절로 현재까지 이어져 왔다. 그래서 설날을 〈삼가는 날〉이라고 하여 이 날에는 바깥 출입을 삼가고 집안에서 지내며 일년 동안 아무 탈 없이 지낼 수 있게 해 주기를 신에게 빌어 왔다. 설날 아침에는 일찍 일어나서 새해 아침에 입는 새 옷인 '설빔'을 입고 돌아가신 조상들께 절을 드리는 차례를 지내며, 나이가 많은 어른들께 순서대로 새해 인사인 '세배'를 한다. 세배를 할 때에는 새해 첫 날을 맞아서 서로의 행복을 빌고 축복해 주는 '덕담'을 주고 받는다.

① 설날 음식

떡국, 만둣국, 조랭이떡국, 갈비찜, 떡사태찜, 닭밤찜, 제육불고기, 너비아니구이, 불고기, 떡산적, 쇠고기장산적, 나박김치, 대구전, 완자전, 호박전, 표고전, 피망전, 풋고추전, 잡채, 삼색나물, 약과, 수정과, 식혜, 과일 등으로 상차림을 하여 가족과 식사하고 세배 온 손님도 대접한다. 그 중에서 떡국은 한 그릇을 먹어야 한 살을 더 먹는다는 뜻이 있다. 충청도 지방은 쌀가루를 반죽해 가래떡처럼 길게 늘여 끓이는 생떡국이 있고, 개성지방은 가래떡을 가늘게 비벼 늘여서 나무칼로 누에고치 모양으로 자른 조랭이 떡국을 끓인다. 북쪽지방은 떡국 대신 만두국을 끓이거나 만두를 삶아서 초간장에 찍어 먹는다.

2) 대보름 음식(상원 절식)

대보름(음력 1월 15일)은 신라시대부터 지켜온 명절로 정월 14일 저녁에는 오곡밥과 묵은 나물을 먹는다. 대보름의 음식으로 약식, 오곡밥, 부럼, 귀밝이술, 묵은 나물, 복쌈, 원소병, 팥죽 등이 있다.

(1) 오곡밥 : 대보름 음식으로 대표적인 것은 약식이지만 오곡밥(五穀飯)이 대중적이다. 오곡밥이란 쌀, 조, 수수, 팥, 콩을 섞어 지은 밥이다. 다른 성씨인 세 집 이상의 밥을 먹어야 그 해의 운이 좋다고 하여 여러 집의 오곡밥을 서로 나누어 먹는 풍습이 있다.

(2) 부럼 : 부럼은 생밤, 호두, 은행, 잣 등의 견과류이다. 보름날 이른 새벽에 눈을 뜨는 대로 껍질째 한 번에 깨물어서 먹지 않고 내던지며 "부럼이요"라고 말하면 일년 내내 무사태평하며 종기나 부스럼이 나지 않고 이빨이 튼튼해진다는 풍습이 있다.

(3) 묵은 나물 : 호박고지, 가지, 박고지, 취, 고비, 고사리, 도라지, 무청, 버섯 등 말리거나 묵혀두었던 것 아홉 가지를 나물로 하여 먹는다.

(4) 귀밝이술 : 보름날 아침 오곡밥을 먹기 전에 귀밝이술을 한 잔씩 마시면 한 해 동안 귀가 밝아지고 정신도 맑게 지낸다는 풍습이 있다. 귀밝이술은 이명주(耳明酒) 라고도 하는데, 귀가 밝아지는 것은 일년 내내 기쁜 소식만 전해 들으라는 뜻이며, 정초에 웃어른들 앞에서 술을 들게 되면 술버릇도 배운다는 연유에서 비롯되었다.

3) 단오 절식

음력 5월 5일 단오는 설, 추석과 함께 우리나라 3대 명절에 속한다. 고려시대에 남자들은 공차기, 편싸움 등을 하였고 여자들은 그네뛰기를 하였는데, 이런 풍습은 조선시대까지 이어져 왔다. 단오날 오시(午時)에 익모초와 쑥을 뜯어 말려두었다가 일년 내내

약용으로 쓴다. 특히 이 날은 수리취(쑥)를 짓이겨 멥쌀가루에 넣어 녹색이 나면 반죽
하여 쪄서 쫄깃하게 친 떡을 굵게 가래떡으로 비벼서 수레바퀴 모양의 떡살로 문양을
낸 절편인 수리취떡을 해 먹는다.

4) 삼복(三伏) 음식

하지로부터 세 번째 경일(庚日)이 초복, 네 번째 경
일이 중복 그리고 입추가 지나서 첫 번째 경일이 말
복인데, 말복은 대개 월복(越伏)이라고도 한다. 이때
가 여름 중에 가장 더운 삼복 한달 간이었는데, 사람
들은 더위를 잘 이겨넘기기 위해 몸을 보호하는 음식
을 먹었다.

(1) 개장국 : 개고기를 삶아서 파, 마늘, 생강 등을 넣고 푹 끓인 것이다. 닭이나 죽순
을 넣고 만들면 더욱 좋고, 고춧가루를 풀고 밥을 말아서 아주 맵게 먹었다. 이렇
게 하여 땀을 흘리면 더위를 물리치고 허한 것을 보충할 수 있다는 것이다. 지금
도 개장국은 삼계탕과 함께 보신탕(補身湯)이라 하여 삼복 절식의 대표적인 음식
이다. 개고기가 식성에 맞지 않는 사람들은 쇠고기로 끓인 국인 육개장을 먹었는
데, 이 또한 주술적 의미를 지니고 있다.

(2) 삼계탕 : 영계(어린 약병아리)나 어린 오골계에 인삼, 대추 등을 넣고 푹 고아서
만든다. 또는 영계에 찹쌀, 인삼, 대추, 마늘 등을 넣고 푹 고아서 만들기도 한다.

5) 추 석

음력 8월 15일은 추석(秋夕) 또는 팔월 한가위라고 하는데, 우리의 최대 명절이다.
추석에는 추수한 햇곡식으로 햅쌀밥을 짓고 송편을 빚는다. 밤 · 대추 · 감 · 사과 등
햇과일로 조상께 차례를 지내며 성묘를 한다.

(1) 오려송편 : 올벼로 찧은 오려쌀로 만들어서 오려송편이라고 한다. 쑥·송기·치자로 맛과 색을 달리하고, 송편 소로는 거피팥·햇녹두·청대콩·깨 등이 있다. 강원도 지방은 쌀 대신 감자녹말로 빚기도 한다.

(2) 토란탕 : 토란은 추석 때부터 나오기 시작하는데, 흙 속의 알이라 하여 토란(土卵)이라 하고, 연잎 같이 잎이 퍼졌다 하여 토련(土蓮)이라고도 한다. 토란을 준비하여 다시마, 쇠고기를 섞어 맑은장국을 끓인다.

6) 동 지

음력 11월은 일반적으로 동짓달이라고 한다. 그 이유는 11월에는 반드시 24절기의 하나인 동지가 들기 때문이다. 양력으로 12월 22, 23일경으로 일 년 중 밤이 가장 길고 낮이 가장 짧은 날이다. 동지를 작은 설이라 하고 동지 팥죽을 쑤어 먹어야 나이를 한 살 더 먹는다고 하였다 .

(1) 팥죽 : 동지 팥죽은 먼저 사당에 놓아 차례를 지낸 다음 방·마루·광 등에 한 그릇씩 떠다 놓고, 대문이나 벽에 팥죽을 뿌린 다음에 먹는다. 이 풍습은 팥이 액을 막고 잡귀를 없애준다는 데서 나온 것이다. 또 색이 붉어 잡귀를 쫓고자 할 때 사용한다. 삶은 팥을 물을 적당히 섞고 한참 끓인 뒤 쌀을 넣고 퍼지면 익반죽한 새

알심을 넣고 다시 끓인다. 동지 팥죽에는 반드시 찹쌀로 새알심을 만들어, 먹는 사람의 나이대로 넣어서 먹는 풍습이 있다.

(2) 타락죽 : 타락이란 원래는 말린 우유를 뜻한다. 고려시대 때 몽골과의 교류 후 국가의 상설기관으로 유우소(乳牛所)가 있었는데, 조선시대에 타락색(駝酪色)으로 이름이 바뀌었다. 궁중에서는 동지 절식으로 우유와 우유죽(타락죽)을 내공신에게 내려 약으로 썼다고 한다. 쌀을 곱게 갈아 체에 밭쳐 물을 붓고 된죽을 쑤다가 우유를 넣고 덩어리 없이 풀어 만든다.

5 외국인이 즐기는 한국음식

조사에 의하면 외국인들은 공통적으로 불고기 · 잡채 · 비빔밥 · 갈비 · 오미자편 등을 좋아한다고 보고되지만, 세계 각 국가별로 외국인들이 좋아하는 음식에 차이가 있다. 외식산업에서는 한식의 한상차림에 쇼를 곁들인 것이나 코스식 한정식차림이 외국인들에게 좋은 반응을 얻고 있다. 집으로 손님을 초대하여 깔끔하게 주메뉴를 정하고 한상차림이나 코스식 한정식차림으로 정성껏 대접한다면 더욱 잊지못할 추억을 심어 줄 수도 있겠다.

1) 국가별 선호도 높은 한식

(1) 중 국

오리고기, 꼬치 불고기, 닭강정, 제육강정, 닭고추장구이, 제육고추장구이, 용봉탕, 돼지갈비구이, 닭날개구이, 갈비찜, 튀김만두, 수삼냉채, 약식 등이 있다.

(2) 일 본

춘천 막국수, 나물김밥, 나물주먹밥, 삼계탕, 닭강정, 제육강정, 두부전골, 닭고추장구이, 도미찜, 겨자채, 탕평채, 보쌈김치 등이 있다.

(3) 동남아

두부전골, 삼계탕, 떡꼬치구이, 만두, 규아상, 밀쌈, 빈대떡, 파전, 구절판, 겨자채, 수삼냉채, 백김치 등이 있다.

(4) 북 미

두부전골, 삼계탕, 신선로, 소갈비구이, 전류, 빈대떡, 파전, 화양적, 백김치, 보쌈김치 등이 있다.

(5) 유 럽

신선로, 오리구이, 닭구이, 소갈비구이, 꼬치불고기, 닭강정, 제육강정, 닭고추장구이, 만두, 삼색만두, 규아상, 밀쌈, 해물빈대떡, 채소빈대떡, 전류, 백김치, 수정과 등이 있다.

(6) 중 동

산채비빔밥, 신선로, 구절판, 탕평채, 부추잡채, 피망잡채, 콩나물잡채, 밀쌈, 오이선, 백김치 등이 있다.

2) 외국인을 위안 코스식 상차림

외국인을 배려하여 수저와 함께 포크와 나이프 및 냅킨을 식탁 위에 놓는 상차림을 준비할 수 있다. 우리나라의 각종 향토음식 중에서 외국인들이 좋아하는 음식을 선택한 뒤 3첩·5첩·7첩·9첩·12첩 반상차림을 활용하여 맛, 영양, 시각적으로 훌륭한 상을 차릴 수 있다. 예를 들면, 나물·김치·젓갈·간장류는 기본으로 하고, 냉채·밥과 찌개·후식으로 구성된 3종 코스, 냉채·전류·육류구이·밥과 맑은국·후식으로 구성된 5종 코스, 죽·냉채·전류·육류구이·찜류·밥·후식으로 구성된 7종 코스, 국·전류·육류구이·해산물구이·잡채·생선찜·육류볶음·밥·후식으로 구성된 9종 코스, 죽·신선로·냉채·전류·편육·구절판·육류구이·해산물찜·잡채·오리 고기·국·후식으로 구성된 12종 코스로 화려하고 다양하게 상차림을 할 수 있다.

다음은 한식 코스 상차림의 한 예이다.

〈코스 한정식의 예〉

⑥ 한식 식사예절

　우리의 식사예절은 내용에 따라 세분화 할 수 있다. 양식의 식사예법은 열심히 배우려 하면서 우리나라의 식사예절은 잘 지키지 않는 것이 우리의 실정이다. 다른 나라의 식사예절을 모르는 것은 흉이 아니다. 외국의 식사예절은 모르면 물어서 알면 되지만,

우리의 식사예절은 어린 시절부터 생활 속에서 익히고 실천해야 한다. 세계화 시대에는 한국의 식사예절을 물어보는 외국인들이 많아질 것이다. 알면서도 지키지 않았다면 지키도록 노력하고, 모르고 있었다면 배워서 실천해야 할 것이다.

다음은 식사를 하면서 지켜야 할 예절을 요약하였다.

(1) 식사 중에 자리를 떠나지 않는다.

(2) 식사 중에 지나치게 말을 많이 하지 않는다.

(3) 어른이 먼저 수저를 든 다음에 아랫사람이 들도록 한다.

(4) 숟가락과 젓가락을 한 손에 들지 않으며, 젓가락을 사용할 때에는 숟가락은 상위에 놓는다. 숟가락이나 젓가락을 그릇에 걸치거나 얹어놓지 말고 밥그릇이나 국그릇을 들고 먹지 않는다.

(5) 숟가락으로 국이나 김칫국물을 먼저 떠 마시고, 밥이나 다른 음식을 먹는다. 밥과 국물이 있는 음식은 숟가락으로 먹고, 다른 반찬은 젓가락으로 먹는다.

(6) 음식을 먹을 때는 음식 타박을 하거나 먹을 때에 소리를 내지 말고 수저가 그릇에 부딪쳐 소리가 나지 않도록 한다.

(7) 수저로 반찬이나 밥을 뒤적거리거나 헤집는 것은 좋지 않으며, 먹지 않는 것을 골라내거나 양념을 떼어내고 먹지 않는다.

(8) 먹는 도중 수저에 음식이 묻어서 남아 있지 않도록 하고, 밥그릇은 가장 나중에 숭늉을 넣어 깨끗하게 비운다.

(9) 여럿이 함께 먹는 음식은 각자 접시에 덜어 먹고, 초간장이나 초고추장 같은 것도 접시에 덜어서 찍어 먹는 것이 좋다.

(10) 음식을 먹는 도중에 뼈나 생선의 가시 등 넘길 수 없는 것은 옆 사람에게 보이지 않도록 조용히 종이에 싸서 버린다.

(11) 식사 중에 기침이나 재채기가 나면, 얼굴을 옆으로 하고 손이나 손수건으로 입을 가려서 다른 사람에게 실례가 되지 않게 조심한다.

(12) 너무 서둘러서 먹거나 지나치게 늦게 먹지 않고 다른 사람들과 먹는 속도를 맞춘다. 먼저 웃어른이 수저를 내린 다음에 따라서 내려놓도록 한다.

(13) 음식을 다 먹은 후에는 수저를 처음 위치에 가지런히 놓는다.

(14) 이쑤시개는 입을 한 손으로 가리고 사용한 후 남에게 보이지 않게 처리한다.

11

동양 상차림

1 일본요리의 특징

일본은 지리적으로 아열대권에 위치하며 이모작이 가능한 곡물문화 중심으로 주식과 부식의 구분이 뚜렷하다. 일본요리 메뉴의 원형은 무로마치시대(1336~1573) 무가(武家)의 예법과 함께 확립되었다. 요리의 특징은 크게 관서와 관동지역으로 나뉘는데, 수많은 지진과 폭풍을 견디어 오면서 계절이 바뀌며 계절음식을 먹을 수 있음에 감사하는 마음을 식탁에 표현하여 자연 앞에 겸손한 마음이 요리에 표현되어 있다. 요리의 준비 시 산수(山水)의 법칙을 지키며 '모리쯔께'한다고 하여 요리한 음식을 예쁘게 담아 내는 것도 요리의 한 부분이라 생각하여 입과 눈으로 요리를 먹는 것을 소중하게 생각하였다. 음식을 준비할 때 재료 본래의 맛을 지키도록 하며 식품의 조화, 색, 형태에 맞추어, 전체적으로 미각, 형태, 감성이 어우러진 먹거리가 많다. 관혼상제에 따른 식기의 색과 요리의 명칭이 구분되어 있고, 칠기, 도자기, 대나무, 유리 등의 식기 소재가 다양하다.

1) 일식상차림 분류
① 다이쇼우(大饗 : 대향)요리 – 헤이안(平安)시대의 궁중 또는 대신들의 성대한 연회로 테이블 형식의 것과 의자를 사용하였다. 중국풍으로 수저를 함께 사용했다.

② 혼젠(本膳 : 본선)요리 – 축의의 기본형식인 의식상선의 무선(武膳)과 향선(饗膳)이 있다. 의식상선은 식삼헌(食三獻)의 형식으로 1즙 3채라 하여 밥, 국, 일본식 김치를 기본으로 하며, 향선은 접대를 위한 요리를 말한다. 요리는 7, 5, 3의 홀수로 되어 있다. 향의 첫상에 내는 것은 혼젠이라 하며 메뉴명으로는 후쿠사요리라고도 한다. 현재에는 궁중 연회, 관혼상제의 기본이 되는 요리이다.

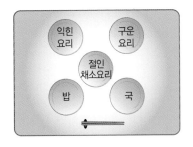

1즙 3채의 기본

③ 차 가이세키요리(茶懷石料理) − 차 가이세키(茶石)요리는 공복에 진한 차를 마시면 속에 자극이 강하므로 다도(茶道)를 시작하기 전에 허기를 달래는 요리이다. 수도 중인 동자승이 허기진 배를 달래기 위해 따뜻한 돌을 배에 품었다는 데서 나온 이름이며 제철의 재료를 사용하여 재료가 가진 순수한 맛을 살려 정성껏 만든 요리이다.

④ 가이세키요리(會席料理) − 연회용 요리이다. 혼젠요리를 개선한 형태로 1629년 에도시대 교토에서 시작한 것으로 하이쿠(일본 고유의 단시형)를 읊는 모임을 모태로 발달하였다. 다양한 술과 함께 나오므로 요정요리라고도 한다. 현재 일본의 연회, 회식, 결혼피로연 형식으로 남아있다. 다음은 연회용 일본요리의 예이다.

⑤ 쇼진(精進)요리 : 살생금단의 불교와 연관되어 절에서의 채소중심 요리를 발전시킨 것으로 어패류나 육류 재료와 파 · 마늘을 넣지 않으며, 두부, 대두가공품, 채소, 해초 등을 조화시킨 요리이다. 혼젠요리의 영향으로 1즙 3채가 기본이며 여기에 무침, 절임 등이 담긴 사발과 함께 1인분씩 상에 놓아낸다.

⑥ 후차요리 : 차를 마시고 난 다음의 식사로 채소, 기름, 녹말가루를 사용한 중국식 요리이다.

⑦ 싯포쿠요리 : 네 사람이 한 상에서 가운데 음식을 놓고 덜어먹는 스타일로 중국에서 전래되었다.

〈일본 궁중 코스요리〉

2) 일본의 시절식

① 1월 1일(正月) : 신사에 가서 1년의 신수를 알아본다. 음식은 불을 사용하지 않고 미리 만들어 합에 넣어 먹는다. 오조니라는 떡국을 먹는다.

② 3월 3일 : 도의 절구라 하여 3, 5, 7세 여자아이들의 날이다. 절에 가서 건강을 기원하고 우리나라 동동주나 식혜 같은 백주와 지라시스시, 복숭아꽃 장식과 대합장국을 먹는 날이다.

③ 5월 5일 : 남자아이들의 날로 힘의 상징인 잉어모양의 풍선을 날리는 날이다.

④ 하지(土用) : 삼복 복날로 장어덮밥(우나기)를 먹는 날이다. 빨간 깃발에 토용의 날이라고 써서 알린다.

⑤ 8월 15일(月見) : 8월 중추절로 헤이안 시대에 궁중놀이로 시작되어 궁중에서는 월병과 모찌를 즐겼으며 밤과 감으로 세팅하고, 우리의 추석과 비슷하다. 에도시대부터 서민들에게도 사랑 받기 시작했다.

⑥ 동지(冬至) : 12월 22일로 유자로 목욕을 하는 날이다.

⑦ 연월(年越) : 12월 31일로서 제야 도시고시라고도 한다. 해를 넘기기 전에 먹는 음식을 먹었으며 동경은 소바, 오사카는 우동 등의 면을 먹었다. 면 음식은 끊어지기 쉬운 면의 성질이 악재들을 정리하고 새로운 시작을 한다는 것을 의미한다.

〈해를 넘기기 전에 먹는 소바요리〉

3) 일본 상차림 코디네이션의 아이템

린넨	면, 아사, 칠기 매트 등 도메스틱 컬러의 소재
테이블	개인용 식탁(膳)
테이블웨어	칠기, 도자기, 유리 식기 등
커트러리	칠기, 목재 젓가락
글라스	도자기, 유리, 칠기의 술잔
센터피스	도자기나 칠기 제품 화기
휘기어류	사계절의 꽃과 풍습이나 행사의 소재를 이용
어태치먼트	풍습이나 행사의 소재를 이용

4) 일식 테이블 세팅법

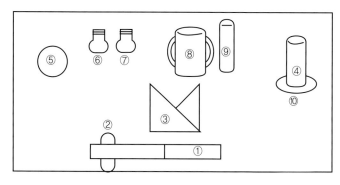

① 젓가락
② 젓가락 받침
③ 냅킨
④ 찻잔
⑤ 재떨이
⑥ 소금통
⑦ 후추통
⑧ 간장병
⑨ 이쑤시개통
⑩ 물컵받침

일식 테이블 세팅

5) 일식 상차림 매너

① 착석 : 좌식인 경우, 방석을 발로 건드리지 않는다. 앉는자리에 상·하석이 있으므로 권해주는 자리에 앉는다.

② 오사케(おさけ) : 한 손으로 술잔이나 그릇을 들지 않으며 두 손으로 받쳐들고 마시거나 먹는다.

③ 하시(はし) : 젓가락은 두 손을 사용한다. 한 손으로 들고 한 손으로 받쳐서 사용하고 놓을 때도 받쳐서 내려놓는다. 젓가락의 사용 시 한쪽은 자신이, 다른 한쪽은 신이 먹는다는 의미로 양쪽을 사용하였으며 명절에만 사용하는 젓가락이 따로 있다.

④ 사시미 : 생선회는 간장을 찍어 손으로 받쳐 먹는다. 개인접시로 나올 때에는 맛이 담백한것부터 기름진 것으로, 흰살 생선으로부터 색이 있는 생선의 순으로 먹는다.

⑤ 스이모노(すいもの) : 미소시루는 젓가락으로 저어서 두 손으로 들고 마신다.

⑥ 야키모노(やきもの) : 생선 구이를 놓을 때는 왼쪽으로 머리가 가게 놓으며 한쪽을 다먹으면 가시를 발라서 '가이시' 라는 이름의 종이를 들고 다니면서 씨, 열매, 가시 등을 담는다. 생선은 뒤집지 않는다. 특히 기모노를 입는 모임에서는 가이시라는 종이를 넣어가며 자신의 생선가시나 씨앗 등 뱉었던 것들을 싸가지고 돌아간다.

⑦ 작은 식기류 : 들고 먹어도 무방하다.

⑧ 뚜껑이 있는 식기류 : 왼쪽에 있는 것은 열어서 뚜껑을 왼쪽에 두고, 오른쪽 것은 오른쪽에 둔다.

② 중국식 상차림

1) 중국요리의 일반적 특징

넓고 다양한 기후의 국토에서 풍부한 식재료와 다양한 지역요리가 발달하였으며 다수민족의 전통문화 및 식문화가 보존되어 왔다. 외식 문화가 발달하였고 인구가 많아서 집에서 요리하는 것보다 사먹는 것이 경제적이라고 생각하는 사람들이 많다.

⑴ 대원(大圓)사상 : 중국음식의 일반적인 특징은 대원(大圓)사상에서 비롯된다. 원형이 중심이 되어 접시, 테이블, 딤섬, 센터피스 등을 둥글게 만든다. 중국의 테이블은 주로 원탁 테이블을 쓴다.

⑵ 고온에서 단시간 조리 : 고온에서 단시간에 강한 화기를 사용하여 조리하여 살균효과를 내며 과거에는 특히 전쟁 시에 탈이 나지 않게 하는 효과를 내었다. 미리 밑간을 하고 조리하여 재료가 너무 익거나 덜 익힘없이 식자재 고유의 맛을 살리도록 조리한다.

⑶ 기름에 볶는요리 : 중국요리는 대부분 기름을 많이 사용하며 이는 재료의 오미배합(五味配合)으로 칼로리와 영양을 높이며 음식의 변질을 막는 효과가 있다.

⑷ 녹말가루의 상용 : 중국요리는 뜨거운 온도를 유지시킬 수 있는 녹말가루를 많이 사용한다. 또한 기름을 많이 사용하는 중국요리에서 녹말가루는 서로 분리하는 성질이 있는 수분과 지방을 엉기도록 하여 맛과 영양을 보존한다.

⑸ 재료 : 모든 재료는 엄격하게 선택하고 작은 크기로 잘라서 요리한다.

⑹ 조리기구와 식기 : 일찍부터 도자기의 발달로 차와 음식의 도구로 도자기를 이용했다. 조리기구는 간단하고 사용법이 쉽다. 스푼은 중국식 스푼인 렝게를 개인접시 위쪽에 가로로 두며 사용한다. 식기는 붉은 칠기를 사용하고 젓가락이나 냅킨에도 붉은색을 선호한다. 젓가락은 오른쪽에 길이로 놓는것이 원칙이며 요즈음은 가로로 놓기도 한다.

2) 중국요리의 분류

⑴ 지역분류

오랜 역사와 광활한 땅을 지닌 중국의 요리는 크게 북경, 광동, 상해, 사천의 네 지역 요리가 유명하다.

① 동방요리(상해요리)

남경(南京), 상해(上海), 소주(蘇州)로 대표되는 양자강유역의 지방이다. 이 지역은 바다, 강, 호수가 많아 어패류, 새우요리 등 해산물요리가 많다. 외국문물이 수입되는 중요 상업도시로 상해는 아편전쟁 이후 외국의 진출기지가 되었으며, 이곳 음식은 술과 장류의 특산지로서 장류를 써서 만든 독특한 요리가 많다. 단맛이 농후하고 기름기가 많으며, 맛이 진하면서도 깨끗한 것이 특징이다.

② 서방요리(사천요리)

사천(四川), 귀주(歸州), 운남(雲南) 등 사천성을 중심으로 한 지역으로 산악지대 요리를 대표한다. 바다가 멀고 더위와 추위가 심한 고랭지 지방으로 악천후를 이겨내기 위해 향신료를 많이 쓴 요리가 발달해 왔다. 문물이 풍부하고 재료가 다양하나 채소류는 많이 나고 어패류는 나지 않는다. 색채미가 풍부한 전채요리가 발달하였다. 양질의 암염이 산출되며, 고추, 마늘, 파, 산초 등의 조미료가 발달하였다. 대표적 요리에는 마파두부가 있다.

③ 남방요리(광동요리)

복건, 광동 등 해안선에 연한 지방 요리로 해산물 요리가 유명하고 회 요리도 있다. 이곳은 중국과 해외 각국이 연결되는 주요 통로이며 육상과 해상을 연결하는 무역이 활발하여 대부분의 진귀한 화물이 광주를 통하여 내륙으로 유입되었다. 이에 따라 식재광주(食材廣州)라는 말이 있으며, 재료가 풍부하고, 개, 고양이, 뱀 등의 요리가 유명하며, 딤섬류도 많다. 기름을 많이 사용하고 버터 케첩, 우스터소스 등과의 접목으로 서구풍의 색채와 함께 변화가 큰 요리가 많았다.

④ 북방요리(북경요리)

명·청의 궁정요리와 접목하여 고급문화요리를 이루었다. 추운 기후 때문에 몸을 따뜻하게 할 수 있는 돼지, 오리, 양 등의 칼로리가 높은 육류요리가 발달했으며 기름을 충분히 사용하는 튀김과 볶음요리가 발달했다. 맛이 진하고 향신료를 많이 넣은 냄비요리가 유명하다. 화북지방은 밀가루 산지로 만두, 떡, 과자, 면 등이 발달했다.

〈북경 페킹덕 코스요리〉

〈북경 페킹덕 코스요리〉

(2) 전통요리의 종류

① 궁중요리 : '색, 향, 맛'이 어우러진 음식이다. 다양한 토산품, 진상품으로 재료

와 요리법이 다양하다. 서서 먹는다.

② 가정요리 : 볶음요리 2종류와 수프, 밥이 함께 나온다.

③ 대중요리

• 포자(包子) : 소를 넣은 찐빵, 왕만두 모양의 두툼하고 둥근 만두

• 만두 : 소를 넣지 않아 아무 것도 들어있지 않은 밀가루 덩어리로 북방에서는 밥이
나 식빵처럼 주식으로 쓰인다.

• 교자(餃子) : 밀가루를 반죽하여 발효시키지 않고 만드는 것으로 우리나라의 물만
두, 군만두, 찐만두 같은 것이다.

• 국수 : 자장면, 노면, 양춘면, 초면 등

• 유조(油條) : 꽈배기 모양의 기름에 바싹 튀긴 음식

3) 중국요리 구조와 상차림

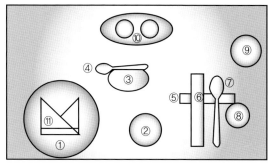

① 뼈접시   ② 양념접시   ③ 수프 스푼 받침
④ 수프 스푼   ⑤ 젓가락 받침   ⑥ 젓가락
⑦ 서빙 스푼   ⑧ 찻잔
⑨ 재떨이   ⑩ 소스보틀   ⑪ 냅킨

〈중식 테이블 세팅〉

　　호텔이나 레스토랑에 마련된 연회요리에서 1장짜리 메뉴는 채단, 2매가 접혀있는 것은 채보라고 한다. 때와 장소에 따라 준비되는 요리의 수와 종류가 다르나 연회요리는 1개의 식탁에 대개 8명에서 12명으로 구성되며 보통 한 탁자에 8~10가지 요리가 올라온다. 기본은 차가운 음식에서 점차 따뜻한 음식으로 대접하며 일반적으로 전채, 두채와 대채, 탕채, 첨채로 구성된다. 전채요리는 첸사이라고 하며 술안주로서 차가운 음식류(冷盤)이다. 중국요리의 주요리는 채소와 육류로 구성된 두채와 대채(大菜 또는 大件)이다. 두채에는 본요리의 시작요리로 상어지느러미 요리가 주로 나오며, 이어서 닭, 오리, 생선, 새우, 게 등과 함께 채소요리가 준비된다. 주요리가 나오는 사이에는 주요리에 영향을 주지 않는 가벼운 따뜻한 요리를 낸다. 다음은 탕채(湯菜)로서 밥, 수프와 국 그리고 첨채인 디저트 코스가 있다.

4) 테이블 세팅과 코디네이션의 아이템

• 테이블 세팅

린넨	면이나 아사
테이블웨어	자기 사용이 원칙(백자, 청자, 청화백자, 경덕진) 평평한 접시 2장, 볼, 수프 접시
커트러리	젓가락, 렝게(국 먹는 스푼)
글라스	도자기와 유리제품(일찍부터 유리를 받아들임)
센터피스	요리 자체, 꽃이나 복숭아 등 과일
휘기어류	풍습이나 행사에 소재를 이용
어테치먼트	풍습이나 행사에 소재를 이용

5) 식사예절

예로부터 중국은 '예의 나라' 라고 할 만큼 식사에 대해 엄격한 격식이 있다.

⑴ 차를 마시면서 별실에서 기다린다.

⑵ 주인이 먼저 먹은 후 대접한다.

(3) 라오쥬(老酒) : 중국음식에 이용하는 술로 따뜻하게 혹은 차게 해서 대접한다.

(4) 조리방법의 중복을 피하고 볶음, 찜, 튀김 등 다양하게 준비한다.

(5) 술 주전자, 차 주전자의 입 부분을 사람 쪽으로 향하지 않는다.

(6) 얌차(飮茶) : 찻잎이 들어있는 채로 내는 것이 정식이며, 찻잔의 뚜껑을 조금 열어 찻잎이 나오지 않도록 한 다음 직접 입에 대고 마신다.

12

서양의 상차림

① 서양 상차림의 기본

서양 상차림은 나라와 테마에 따라 다양하다. 서양 상차림의 대표되는 나라는 영국과 프랑스이며, 영국에서 시작되어 프랑스에서 꽃피웠다고 볼 수 있다.

1) 영국 상차림

영국은 전통적이며 보수적인 세팅을 한다. 정식 포멀 세팅에서는 오르되브르용 나이프, 포크에서 수프, 스푼, 생선용 스푼, 포크, 고이용과 디저트용 커트러리까지 죽 늘어놓는다. 스푼, 포크류는 움푹 패인 곳을 위로 향하여 놓고 글라스도 일직선으로 배치한다. 빵그릇을 포크 왼쪽에 놓으며 버터 스프레드를 빵그릇 위에 세팅한다. 수프를 받치는 접시는 깔지 않는 경우가 있으며 수프를 먹을 때 스푼의 방향은 나를 기준으로 바깥쪽의 상대방을 향한다. 수프가 조금 남은 경우 접시를 밖으로 기울여 먹는다. 테이블매트를 이용하는 경우가 많다.

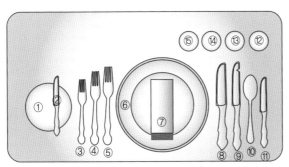

① 버터 플레이트
② 버터 스프레드
③ · ⑪ H · 오르되브르용 포크 · 나이프
④ · ⑨ 생선용 포크 · 나이프
⑤ · ⑧ 매인디시용 포크 · 나이프
⑩ 수프 스푼
⑥ 디너 플레이트
⑦ 냅킨 ⑫ 샴페인
⑬ 백포도주
⑭ 적포도주 ⑮ 물잔

〈영국식 테이블 세팅〉

2) 프랑스 상차림

프랑스는 우아한 상차림에 초점을 둔다. 영국식과 달리 커트러리는 제일 먼저 서비스되는 접시에 필요한 만큼만 놓고 다음 요리를 운반할 때마다 접시와 함께 운반하는 것이 특징이다. 스푼·포크류는 움푹 패인 곳을 아래로 향하여 놓는데, 이는 초대한 손님에게 위험해 보이는 쪽을 아래로 하여 겸손의 의미를 담기도 하며, 왕족이나 귀족의 문장이나 마크가 뒷면에 조각되어 초대된 사람에게 보여주기 위함이기도 하다. 글라스도 일직선 배치가 아닌 지그재그로 배치하여 식탁 공간을 절약하기도 하며, 빵은 테이블 클로스 위에 바로 놓아도 된다고 생각하여 생략하는 경우도 있다. 수프를 먹을 때 스푼의 방향은 안쪽의 자신을 향하며 수프가 조금 남은 경우 접시를 안으로 기울여 먹는다.

① 디너 플레이트
② 냅킨
③·④ 오르되브르용 포크·나이프
⑤ 수프 스푼
⑥·⑦ 생선용 포크·나이프
⑧·⑨ 스테이크용 포크·나이프
⑩ 샴페인
⑪ 백포도주 ⑫ 적포도주
⑬ 물컵

〈프랑스식 테이블 세팅〉

3) 풀코스 상차림

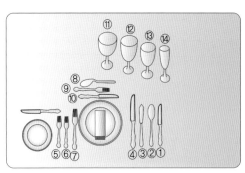

① 오르되브르 나이프　⑩ 디저트 나이프
② 수프 스푼　　　　　⑪ 물잔
③ 피시 나이프　　　　⑫ 적포도주
④ 매인 디시 나이프　　⑬ 백포도주
⑤ 오르되브르 포크　　⑭ 샴페인
⑥ 피시 포크
⑦ 메인 디시 포크
⑧ 디저트 스푼
⑨ 디저트 포크

〈풀코스 세팅〉

풀코스 서양 상차림을 할 때 커트러리를 옆으로 모두 배치하면 자리를 너무 차지하므로 서비스 플레이트 위쪽으로 배치한다. 글라스는 오른쪽 위쪽에 사선 혹은 일렬로 배치한다.

4) 약식 상차림

약식 상차림은 보통 수프, 샐러드, 메인 코스 및 디저트를 포함한다. 빵접시는 왼쪽 위쪽에 배치하며 포도주잔은 메인 디시가 생선인지 육류인지에 따라 하나만 놓는 경우가 많다. 때로는 커피나 홍차잔을 디너 플레이트 위에 같이 배치하기도 한다.

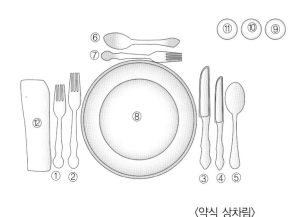

① 샐러드 포크
② 메인 포크
③ 메인 나이프
④ 샐러드 나이프
⑤ 수프 스푼
⑥ 디저트 스푼
⑦ 디저트 포크
⑧ 디저트 플레이트
⑨ 백포도주
⑩ 적포도주
⑪ 물컵
⑫ 냅킨

〈약식 상차림〉

② 파티 상차림

파티의 어원은 같은 목적을 가진 사람들의 모임 혹은 같은 주의, 주장을 가진 사람들의 모임으로 18세기 초에 사용된 영어이다. 목적에 따라 포멀(formal), 세미포멀(semiformal), 인포멀(informal) 파티로 나눈다.

1) 목적에 따른 분류

(1) 포멀 파티

공식적인 만찬회나 그것에 준하는 결혼 피로연, 무도회로 정장을 한다. 남성정장으로서 화이트 타이(white tie)와 연미복(테일코트 : tail coat)은 가장 격조 높은 밤의 정례복이다. 흰 피켓(picket)에 나비 타이를 하기도 하며, 모자 착용의 경우는 실크모자, 블랙 타이와 턱시도(영국에서는 디너 자켓, 프랑스에서는 스모킹 자켓이라고 함)를 차려 입기도 한다. 여성정장으로는 로브 드 콜레터(robe de colletage)라고 하는 이브닝드레스를 입는다. 가슴, 등, 어깨 등을 크게 파낸 원피스 형식의 옷으로 치마의 자락을 모아서 뒤로 묶은 스타일(train, 길게 끌리는 옷자락)도 있다. 소매가 없는 것이 원칙이다.

(2) 세미포멀 파티

새로운 모임의 결혼 피로연, 기념행사 등이며 남성과 여성은 다음과 같은 준비를 한다. 남성은 팬시한 턱시도(fancy tuxedo, 다양한 장식을 한 턱시도) 차림을 하며, 칵테일 슈트(cocktail suit)로 디자인, 색 등이 자유로운 패셔너블(fashionable)한 옷을 입는다.

여성은 세미 이브닝드레스(semi evening dress), 디너드레스(dinner dress), 칵테일드레스(cocktail dress) 혹은 슈트(suit)를 입는다.

(3) 인포멀 파티

형식에 구애받지 않는 평상복 파티나 음악회, 연극관람 등을 할 수 있다. 남성은 슈트스타일로 준비하며 여성은 원피스나 드레시한 스타일의 슈트를 입는다.

파티의 종류와 목적에 따라 파티를 열기 좋은 시간은 표와 같다.

〈파티 열기 좋은 시간〉

시간	종류	목적
07 : 00 ~ 10 : 00	아침 조찬 (Breakfast meeting)	바쁜 비즈니스맨을 위하여 조식을 하면서 회의나 세미나를 한다.
11 : 00 ~ 15 : 00	런천 (Luncheon)	정식 오찬회, 알코올은 적게 한다.
11 : 00~	티 파티 (Afternoon Tea party)	국적 관계없이 여성의 모임으로 홍차, 커피가 중심이 된다.
17 : 00 ~	리셉션 (Reception)	특정인이나 유명인을 초대하는 연회로 리셉션라인을 만든다.
17 : 00 ~ 20 : 00	칵테일 파티 (Cocktail party)	식전주를 중심으로 한 가벼운 안주 준비를 한다. 초대장에 시작과 끝남의 시간이 적혀있다.
17 : 00 ~ 20 : 00	칵테일 뷔페 (Cocktail Buffet)	칵테일 파티와 입식(Standing) 디너를 합하여 한다.
20 : 00 ~ 23 : 00	포멀 정찬파티 (Formal Dinner party)	착석 스타일의 풀코스 디너를 하며 정식의 테이블 매너를 지킨다.
20 : 00 ~ 23 : 00	뱅큇 (Banquet)	연설을 하는 정식 연회이다.

2) 초대장의 작성

- 초대장은 자필로 쓰는 것이 좋다. 충분한 여유를 갖고 10~20일 전에 발송하는 것이 예의이다. 그러나 요즈음은 인쇄된 초청장을 사용하는 경우가 많은데 약식 초대장이라 하더라도 첨언이나 서명 정도는 자필로 써서 보내는 것이 좋다.

- 초대장이 도착한 순간부터 파티는 시작된다고 볼 수 있다. 격의 없는 캐주얼한 파티 등은 전화나 구두로 초대를 전하는 경우도 있지만 공식적인 파티일수록 초대장의 형식도 예의를 갖춰야 하며 초대장을 발송하는 날도 빨라진다. 초대장은 보통 1개월 전에 보내도록 한다. 목적, 테마, 장소, 일시, 형식을 확실히 쓰고(착석 또는 입식), 복장을 지정해주는 것도 좋다. 참석여부의 확인이 필요한 경우는 반드시 명기하도록 한다. 필요에 따라 R.S.V.P(roppondez sil vous plaint)라는

약자를 표시하는데 이는 프랑스어로 '회신을 기다리겠습니다' 의 의미이다. 이때 R.S.V.P. 뒤에 'Regret only' 라고 기입된 것은 불참할 경우에 한해 회신해 달라는 의미이다.

〈초대장의 예〉

파티제목 : _____ 파티에 초대합니다.

장소 :   날짜와 시간 :

복장 :

연락처 :

R.S.V.P. : (참석여부를 알려주시기 바랍니다) :

3) 파티계획

(1) 6W1H 원칙

〈파티 계획의 예〉

제목		어린이 생일파티
언제(When)		2004년 8월 10일
어디서(Where)		한강 유원지
누구와(Who)	주인(host)	생일 맞은 어린이
	손님(guest)	친구들
왜(Why)		생일을 맞은 친구 축하
무엇을(What)		생일케이크, 김밥, 샌드위치, 닭강정, 과자, 과일, 음료수
어떻게(How)		어린이가 깨뜨리거나 다치기 쉬운 제품은 피한다. 캐릭터를 정하여 캐릭터 뷔페 테이블을 준비한다. 그날의 주인공과 학급 친구들이 모두 재미를 주며 뛰어놀 수 있도록 놀이 파티를 계획한다. 다양하게 즐거워 할 수 있는 음식을 제공한다. 돌아갈 때 작은 선물도 준비한다.

파티의 기본은 6W1H 원칙을 따라 계획한다. 즉, 주최자와 손님(who), 테마

(what), 장소(where), 시간(when), 목적(why) 및 스타일(how)을 계획한다. 파티는 명확한 테마 설정과 이에 따른 사전 준비가 중요하다. 파티에서 무엇을 얻고 싶은지를 파악하고 있어야 한다. 초대 시에는 환대(hospitality)하는 마음을 갖고, 상상력(imagination)이나 독창성(originality)을 살려서 따뜻함, 놀라움, 즐거움을 포함시켜 테마가 있는 기대감에 넘치는 파티공간을 만들어 본다. 파티의 본질은 서로의 커뮤니케이션과 감동, 즐거움, 배려, 사랑 등으로 요약될 수 있다.

(2) 파티의 구성

① 조명 : 분위기를 고조시켜 드라마틱한 환상의 세계를 연출하도록 한다.

② 색채 : 파티의 테마를 강조하여 분위기를 연출한다.

③ 재질감 : 다양한 재료의 성질, 파티의 스타일이나 이미지를 강조하는 요소가 된다.

④ 음향 : 파티에 어울리는 효과음악(BGM : back ground music)을 준비한다.

⑤ 전개 : 한 곳에서 여러 곳으로 새로운 전개가 펼쳐지도록 한다.

⑥ 구성 : 공간을 구성하는 요소들과의 균형을 맞추도록 한다.

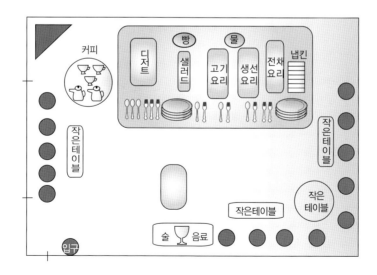

〈파티 테이블 세팅〉

4) 파티 종류

(1) 뷔페 파티(Buffet)

뷔페 상차림은 장소에 비해 손님이 많을 때 적당한 식사 형식이다. 음식 테이블을 별도로 두지 않고 메뉴에 따른 적정량의 음식을 작은 용기(Platter)를 사용하여 종류별로 고객용 라운드 테이블에 직접 마련한다. 비교적 시간구애를 받지 않으며 음식은 식성에 맞게 자유롭게 먹을 수 있다. 누구하고라도 이야기 할 수 있어 사교의 기회가 될 수 있다. 식사 테이블은 전채요리, 생채소, 주요리, 후식의 순서로 배치한다. 코스의 마지막에 냅킨과 스푼을 배치하면 처음부터 이들을 들고 다니는 번거로움을 줄인다. 한 번 쓴 접시는 그대로 상에 두고 새 접시에 음식을 담아오도록 한다. 후식용 테이블은 따로 차려 디저트류와 커피잔, 찻잔 등을 놓을 수 있다. 몇 사람을 초대하는가에 따라 상차림의 규모가 달라지며 음식 주변에 사람들이 붐비지 않도록 주의한다.

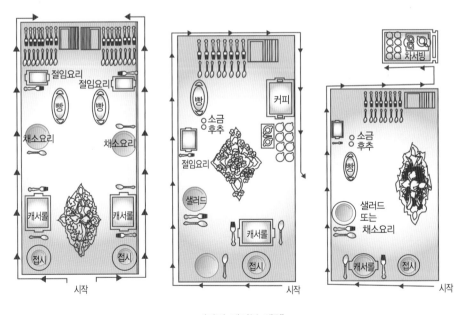

〈파티 테이블 세팅〉

(2) 무도회와 댄스파티(Ball and Dance)

우리나라에선 구별하지 않는 경향이 있으나 댄스파티와 무도회를 외국에서는 구별한다. 댄스파티는 일정한 연령에 달한 사람을 초대한다. 무도회는 연령에 관계없이 호스테스와 친한 관계의 인사는 누구나 초대될 수 있다. 큰 규모의 댄스파티에서 남성은 소개받은 여성에게 한 번은 댄스를 프로포즈하는 것이 에티켓이다.

(3) 칵테일 파티(Cocktail Party)

여러 가지 주류와 음료를 주제로 하고 오르되브르(Hors d'oeuvre)를 준비한다. 보통 한 사람당 3잔 정도 마시는 것으로 추정하는 것이 합리적이다. 디너파티에 비해 비용이 적게 들고 지위를 막론하고 자유롭게 이동하면서 담소할 수 있다. 참석자의 보장이나 시간도 별로 제약받지 않기 때문에 현대인에게 편리한 사교모임 파티이다.

(4) 리셉션 파티(Reception Party)

리셉션은 중식과 석식으로 들어가기 전 식사의 한 과정으로 베푸는 리셉션과 그 자체가 한 행사인 리셉션으로 나눠진다.

① 식사 전 리셉션(premeal reception)

- 주류와 음료 : 위스키와 소다, 진과 토닉, 과일주스, 소프트드링크
- 보통 30분 정도 베풀어진다.
- 땅콩류, 포테이토칩, 올리브류, 칵테일오니온, 칵테일 비스킷, 카나페, 세이보리(Savoury)를 준비한다.
- 식사 전 리셉션에는 진한 술(Hard liqueur)이 어울린다.

② 풀 리셉션(full reception)

- 리셉션만 베풀어지는 파티이다.
- 한 번 제공되는 음식들로만 채워지고 더 이상의 주류나 음식은 없다.

- 2시간 정도 진행된다.
- 카나페, 샌드위치, 치즈, 디프류, 작은 패티를 준비한다.
- 풀 리셉션에서는 와인류를 제공해도 된다.

(5) 티 파티(Tea Party)

브레이크 타임(break time)에 간단하게 개최되는 파티를 말한다. 커피, 티, 음료, 과일, 샌드위치, 디저트류, 케이크류 및 쿠키류를 준비한다. 이전에는 여자들만의 오후 티파티만을 의미했지만 현대에는 가벼운 회의, 좌담회나 발표회에 응용할 수 있다.

(6) 애프터눈 파티(Afternoon Party)

다과회의 일종으로 규모가 큰 파티를 말한다. 참석인원이 많으므로 실내의 적당한 위치에 폭이 좁고 긴 뷔페 테이블을 설치하여 홍차도구와 다과, 커피나 아이스크림 등을 준비한다. 샌드위치, 훈제연어, 샐러드, 와인류나 과일주스를 준비하기도 한다. 생음악을 준비하기도 하며 연주 후 손님과 함께 차를 마시면서 즐길 수 있도록 배려한다.

(7) 특정 목적의 파티

① 모금 파티(Party for Raising)

선거가 가까워지면 특정후보를 위하여 자금을 모금하기 위해 열리는 파티나 혹은 자선모금 파티 등을 말한다. 정당이나 개인 혹은 주관기관이 주최하여 준비한다.

② 포틀럭 파티(Potluck Dinner)

미국인들이 고안해 낸 파티로 각자가 자신있는 요리를 하나씩 준비하여 한 자리에 모여 다같이 즐기는 파티이다. 주최자가 주요리, 샐러드, 디저트를 분류하고 그 중 한 가지 음식을 만들어 오게 한다. 개인적 성격의 파티로 서로 친한 사람들끼리의 정겨운 모임이다.

(8) 야외 파티(Entertaining in the Open Air)

현대생활에 대한 압박과 전원생활의 향수로 인해 파티를 야외에서 즐기기도 한다. 야외 파티는 해방감과 친근감 있게 준비하여 간편하게 하면서 놀이를 포함하도록 한다. 준비할 때는 안정성, 경제성을 고려하며, 주위가 너무 산만하지 않은 곳으로 선택한다. 식품관리와 쓰레기의 처리 및 일기예보도 고려한다.

① 바비큐 파티(Barbecue Party)

스테이크, 불고기, 햄버거, 샐러드, 음료수, 종이냅킨 등을 준비한다. 휴대용 그릴과 캠프파이어도 고려한다.

② 피크닉 파티(Picnic Party)

야외에서 가족, 회사동료, 동기동창 모임 등 다양하게 이루어지는 파티이다. 더운여름에는 아이스박스를 이용하여 음식을 신선하게 제공해야 한다.

③ 가든 파티(Garden Party)

화창하고 좋은 날씨를 택해 정원이나 경치 좋은 야외에서 하는 파티이다. 넓고 푸른 잔디밭과 아름다운 정원을 갖추고 있는 장소라면 어디든 가능하겠다. 평상복이 아니라 정장차림으로 참석해야 하는 모임이다. 식탁이나 의자는 준비하지 않으므로 스탠딩 뷔페에 해당되고 식단은 뷔페에 준하여 낸다. 그러나 가든파티에서는 싱싱한 과일샐러드와 아이스크림류도 낼 수 있으며, 제철 딸기나 크림을 낸다.

〈유럽과 미국풍 가든파티 비교〉

유 럽	미 국
채소와 치즈, 와인, 하베스트 분위기	바비큐
컨트리풍, 남 프랑스 시골풍	밝고 발랄한 분위기
밝고 따뜻한 분위기	색 : 원색계통, 눈에 확실히 띄는 색
색 : 지방의 색, 밝은 자연의 색	린넨 : 목면, 종이
린넨 : 목면(체크, 프린트), 마(평직)	식기 : 종이접시, 플라스틱, 멜라민, 목제품, 플
식기 : 목제품, 바구니, 도기, 테라코타,	라스틱 글라스
두꺼운 잔	메뉴 : 채소, 고기
메뉴 : 채소(오이, 당근), 디프(치즈, 마요네즈,	도구 : 그릴용 기구, 불, 망, 목탄, 차콜, 바비큐
요구르트), 치즈	그릴

13

테마 상차림

살아가면서 생일, 취직기념일, 결혼기념일, 결혼 전 친구들이 선물과 축하를 하는 웨딩샤워(wedding shower), 생일, 출산 전 아이용품 등의 선물과 축하를 하는 베이비샤워(baby shower) 등 다양한 기념일이 있다. 인생을 보다 다양한 색으로 넘치게 하기 위해서 기념일은 소중히 생각하고 정성스런 테마 상차림을 준비해보자.

1 생일(birthday)

요즈음 생일날은 패스트푸드점이나 레스토랑에서 편하게 외식으로 대체하는 경우가 많다. 그러나 생일파티를 집에서 준비하는 것이 더 특별하고 정겹게 느껴지므로 집에서 정성껏 준비해 보는 것이 좋겠다. 생일 상차림의 목적은 물론 생일을 축하하기 위해서이다. 예를 들어, 아이들의 생일 상차림은 아이들의 시선에서 바라본 생일파티가 되도록 하고 부모에게는 아이들의 즐거움을 통해 느끼는 만족감을 느낄 수 있는 상차림이 되도록 한다. 초대된 아이들에게는 주인공의 축하와 함께 같이 즐기는 재미를 갖도록 정성껏 준비한다.

② 베이비샤워(baby shower)

결혼한 두 사람에게 새로운 가족이 늘어나게 되면 친족이나 친구들은 아기를 위한 파티인 베이비샤워를 연다. 베이비샤워는 아기의 탄생 직전의 마지막 달에 많이 한다. 이때는 어머니의 건강상태를 고려한 티파티의 형식이 많다. 아기를 위한 장난감이나 아기옷, 작은 구두 등을 각자 가지고 모여 곧 이 세상에 태어날 새로운 생명의 탄생을 축하하는 것이다. 어머니에게 있어서도 다시 기쁨을 맛보고, 앞으로의 책임을 느끼게 하는 파티다.

③ 브라이달샤워(bridal shower)

웨딩샤워라고도 하며 결혼이 결정된 신부를 위해서 여는 축하파티이다. 베이비샤워와 함께 샤워파티는 샤워처럼 쏟아질 정도의 우정과 사랑으로 선물을 전달하는 의미도 있다. 많은 선물이 합리적인 생활 필수품을 중심으로 주어진다. 새롭게 생활을 시작하는 두 사람을 위해 진정으로 생각하는 마음을 담는 파티이다. 특별한 형식에 구애받지 않고 가벼운 점심이나 약식의 정찬파티를 한다.

④ 결혼기념일(wedding annivesary)

결혼기념일은 인생의 반쪽인 다른 한 사람을 만나 새로운 인생의 시작을 알리는 결혼식과 두 사람이 같이 보내온 시간을 새롭게 기뻐하며 서로에게 감사하고 함께 인생을 걸어갈 것을 재확인하며 축하하는 날이다. 이날을 서로가, 특히 남편들이 잊어버린다면 일년이 편치 못할 아주 중요한 날이다. 기념일의 횟수가 쌓일수록 서로의 신뢰감이 강해지고, 2인의 생활이 3~4인이 되며, 마음 편히 쉴 곳이 확립되어 간다. 처음은 둘 또는 여러 친구들과 함께 레스토랑에서 식사를 하는 정도의 축하를 했었던 결혼기념일도 은혼식이나 금혼식이 되면 손자나 두 사람의 인생에 관계된 많은 사람들이 모여 성대한 파티가 이뤄진다. 어쩌면 결혼식보다 마음이 더 훈훈해지는 파티일 수도 있다.

결혼기념일 중 10주년과 은혼식인 25주년, 금혼식인 50주년 행사를 가장 성대하게 보낸다. 어느 때 부터인가 결혼기념일의 각 주년마다 명칭이 정해졌으며 그 명칭에 맞는 선물을 하고 있는데, 세월의 흐름에 따라 선물의 종류도 약간씩 바뀌어 가고 있다. 이로 인해 전통적인 선물과 그 시대에 따른 선물을 주고받는데, 예를 들어, 1주년은 지혼식(紙婚式)으로 불리며 종이를 재료로 한 제품, 즉 종이인형이나 책, 그림 등을 선물하고, 은혼식이나 금혼식에는 보석류를 주로 선물한다.

〈결혼기념일과 선물 명칭〉

주년	우리말 용어	이전 선물	요즘 선물	N.Y Library
1주년	지혼식	paper	clock	plastics
2주년	면혼식	cotton	china	cotton/calico
3주년	혁혼식	leather	crystal/Glass	leather
4주년	화혼식	flower	appliance	linen/silk/nylon
5주년	목혼식	wood	silverware	wood
6주년	당과혼식	candy	wood	iron
7주년	동혼식	copper	desk set	copper/wool/brass
8주년	청동혼식	bronze	lace	bronze/appliances
9주년	도기혼식	pottery	leather	pottery
10주년	주석혼식	tin	diamond jewelry	aluminium
11주년	철혼식	steel	fashion	Jewelry steel
12주년	명주혼식	silk	pearl	silk/linen
13주년	수혼식	lace	textiles/furs	lace
14주년	상아혼식	Ivory	gold jewelry	ivory
15주년	수정혼식	crystal	watch	glass
20주년	도자기식	china	platinum	china
25주년	은혼식	silver	silver	silver
30주년	진주혼식	pearl	diamond jewlery	pearl
35주년	산호혼식	coral	jade	coral/jade
40주년	녹옥혼식	ruby	ruby	ruby/garnet
45주년	홍옥혼식	sapphir	sapphire	sapphire
50주년	금혼식	gold	gold	gold
55주년	비취혼식	emerald	emerald	emerald
60주년	금강혼식	diamond	diamond	diamond

⑤ 성 발렌타인데이(St. Valentine's Day : 2월 14일)

발렌타인데이의 유래는 여러 가지이나, 고대 로마의 루퍼칼리아라는 축제에서 비롯되었다는 설과 초대 기독교의 발렌티누스 성자에게서 비롯되었다는 설이 있다. 발렌티누스 성자를 기리기 위한 날이라는 설이 더 유력한데, 발렌티누스 성자는 로마 황제

클라우디우스 2세 때 원정을 떠나는 병사의 결혼을 금지한 로마 황제에 반대하여 젊은 연인을 결혼시켜준 죄로 처형된 사제로서, 그가 처형된 날이 바로 2월 14일이었다. 이 날부터 새들이 발정(發情)을 시작한다고 하는 서양의 속설이 결합된 날이기도 하다. 처음에는 어버이와 자녀가 사랑의 교훈과 감사를 적은 카드를 교환하기도 하였다. 20세기에는 남녀가 사랑을 고백하고 선물을 주고받는 날이 되었다. 실제로 발렌타인데이에 초콜릿을 주고받는 풍습은 80년대 일본에서 건너온 것으로 알려져 있다. 하지만 지금은 연인들의 날로 알려져 있으며, 서양에서는 독 안에 처녀들이 넣은 카드를 총각이 꺼내 보는 이벤트를 하기도 한다. 카드에는 추운 겨울을 보내는 동안의 안부를 묻고 설탕, 초콜릿을 함께 전달하였다. 특히 이날은 여자가 평소 좋아했던 남자에게 사랑을 고백하는 날이 되었다. 상차림 테마색은 순결의 의미인 흰색과 사랑과 자비의 의미인 빨간색 및 핑크를 이용한다. 소재는 초콜릿과 선물상자를 이용한다.

6 성 패트릭데이(St. Patrick's Day : 3월 17일)

아일랜드의 수호성인 세인트 패트릭은 아일랜드인들에게 처음으로 크리스트교를 전달한 정신적 지주이며 어려운 시기에 강한 아버지와 아들의 역할을 보여준 성인이다. 성 패트릭데이는 그에게 경의를 표하고, 또 아일랜드의 풍부하고 아름다운 문화를 잊지 않기 위한 아일랜드인들의 기념일이다. 세인트 패트릭은 아일랜드에 크리스트교를 전한 인물로 잉글랜드, 스코틀랜드, 아일랜드 세 나라를 예로 들어 삼위일체를 설명했다고 말해지고 있다. 이날의 상징색은 초록색이고 상징물은 클로버로 초록의 물건을 몸에 지니면 행복해진다는 말이 전해져 왔다. 그래서 마을 안은 초록색으로 꾸며져 초록 치마, 초록 양말을 비롯하여 얼굴까지 초록으로 치장한 사람들이 눈에 띈다. 그리고 손에는 초록 맥주를 들어 무엇이든지 초록으로 바꿔 마음으로부터 즐기는 날이다.

7 부활절(Easter Sunday : 4월)

구미의 사람들에게 봄이 시작되는 축제로 이날은 그리스도의 부활을 축하하는 날이자 교도들에게는 크리스마스에 버금가는 중요한 날이다. 부활절이라는 말은 봄의 여신인 '에오스트레(eostre)'에서 유래하였다고 한다. 이날의 상징인 토끼와 달걀은 그녀가 소중히 여겼던 것들이다. 영국이나 캐나다, 미국의 일부에서는 부활절과 그 다음날은 공휴일로 되어 있어 대부분이 교회에 예배를 드리러 간다. 이날은 부활절토끼가 숨겼다고 전해지는 예쁘게 색칠된 달걀을 경쟁하여 찾거나, 누가 판자 위에서 달걀을 가장 잘 굴릴 수 있는지 경쟁하는 달걀을 이용한 게임이 펼쳐진다. 테마색은 파스텔톤의 노란색과 흰색이며 꽃은 개나리, 노란장미, 나리, 튤립, 미모사 등으로 장식한다.

⑧ 어머니의 날(Mother's Day : 5월 둘째 주 일요일)

필라델피아의 작은 마을에서 함께 살던 어머니가 돌아가신 후 어느 한 여성의 어머니를 향한 깊은 애정을 기념하여 생긴 날이다. 필라델피아에 사는 안나 M. 저비스는 41세에 사랑하는 어머니를 잃었다. 어머니를 향한 그녀의 마음이 어머니에게 감사하는 날을 만들자는 운동으로 확산되었고, 이 운동이 캘리포니아, 웨스트버지니아, 워싱턴을 거쳐 결국 전 세계로 확대 되었다. 안나의 모친이 좋아했던 카네이션은 지금까지도 이날에 감사하는 마음을 담아 어머니들에게 주어지고 있다.

⑨ 아버지의 날(Father's Day : 6월 셋째 주 일요일)

아버지에 대해 평소의 감사한 마음을 표현하고 건강을 기원하는 아버지의 날은 여섯 명의 아이들을 홀로 키워냈던 병사에 의해 시작되었다. 남북전쟁이 끝나고 집에 돌아온 병사 윌리엄은 사랑하는 아내를 잃었으나, 아이들을 사랑으로 훌륭하게 키워냈다. 그의 딸이 그때 이미 존재하고 있었던 어머니의 날과 같이 아버지의 날도 있었으면 하고 생각했다고 한다. 그의 딸이 어느 시골교회에서 어머니의 날 제정에 대한 설교를 들은 것이 계기가 되어, 아버지에게 감사하는 날을 만들자는 운동을 시작하였다. 이 운동은 미국 전역에 확대되어 1972년 닉슨 대통령에 의해 축제일로 제정되었다.

⑩ 할로윈(Halloween)

원래 할로윈은 아일랜드인의 축제이었다. 기독교에서는 11월 1일이 성자의 날(all saint's day)로 성인의 혼을 기리는 축제일인데, 그 전날밤인 10월31일은 모든 귀신들의 축제 전야(all halloween eve)로서 유쾌한 유령들이 출현하는 날이다. 영국에 살고 있는 켈트족이 죽음의 신 '삼하인'에 의해 구원받기 위해 동물이나 사람을 제물로 바쳤는데, 이날이 바로 '할로윈데이'의 기원이 되었다고도 전해진다. 호박 등으로 귀신 분장을 하며, 테마색은 오렌지와 검정색을 쓴다. 파티의 소재는 박쥐, 해골, 검정 고양이, 스파이더맨, 베트맨 의상을 이용하기도 한다. 오늘날은 어린이들이 마귀, 마녀, 유령, 해적, 요정, 야수 또는 잘 알려진 만화 캐릭터, 심지어 미국 대통령의 얼굴을 본 떠 만든 가면을 쓰고 축제를 즐긴다. 할로윈데이가 오면 대부분의 가정에서는 문간에 불을 환하게 밝혀 다양하게 분장한 꼬마 귀신이 문을 열고 들어와 '트릭 올 트릿(trick or treat: 장난을 칠까요? 과자를 줄래요?)' 하면서 자루를 내밀면 어른들은 풍선껌이나 과자, 사탕, 케이크를 넣어준다.

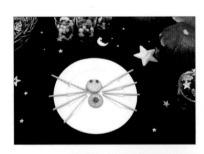

⑪ 추수감사절(Thanksgiving Day : 11월 24일)

추수감사절은 영국인들이 이민 와서 인디언들의 도움을 받은 것에 대해 감사하는 날로 시작하였다. 영국에서 박해를 받은 청교도가 메이플라워호를 타고 미국에 1620년경 새롭게 살 장소를 찾아 겨우 도착하였으나 그들에게 미국에서의 삶은 어려운 것이었다. 그때 그들은 현지 인디언에게 사냥하는 방법, 곡식을 키우는 법 등의 사는 지혜를 배우면서 그 허허벌판을 자신들만의 땅으로 바꾸어 갔다. 그때부터 1년 후 최초의 수확에 감사하며 무사히 살아온 기쁨을 나누는 날을 지켜왔다. 이날은 평소에 떨어져 생활하고 있는 가족이나 친척이 같은 장소에 모여 커다란 칠면조나 호박파이를 배부르도록 먹는 날이다. 상차림을 위한 센터피스는 옥수수, 감자, 열매 등의 추수곡식을 자연스럽게 늘어놓고 연출할 수 있으며 상차림 메뉴는 칠면조요리, 펌킨(호박) 파이, 수프 등을 준비한다.

⑫ 크리스마스(Christmas : 12월 25일)

크리스마스는 예수의 탄생을 축하하는 축제이다. 초기에는 1월 6일이었으나 유럽 각지에 있었던 태양신앙, 수확제, 동지제 등이 합해져 12월 25일이 예수의 탄생일이 되었다. 12월에 열리는 이 축제는 빛나게 반짝이는 태양에의 숭배, 수목의 재생, 풍부한 결실 등의 바람을 담고 있다. 서양 사람들에게 있어서는 연중행사에서 가장 중요한 날 중 하나로 전날인 24일 이브는 크리스마스 휴가 등으로 돌아오는 가족과 함께 보내고 25일 아침에는 트리 아래에 장식된 선물을 교환한다. 크리스마스 전에는 멀리 있는 사람들에게 카드를 보내며 서로의 사랑을 확인한다. 크리스마스 카드는 18세기경 방학을 맞은 아이들에게 성적표 및 안부인사를 보내던 것이 시초가 되었다고 한다.

크리스마스에는 크리스마스 나무와 산타클로스를 빼놓을 수 없다. 테마색과 소재는 표와 같이 정리할 수 있다.

〈크리스마스 소재, 색, 테마〉

소재	색과 테마
예수님의 피, 사랑	붉은색
영원한 사랑	녹색
순결, 비둘기	백색
별, 광선	금색
허브	향
종	소리
말구유, 별	빛

　　크리스마스 데코레이션을 위한 식물은 전나무, 소나무, 아이비와 같은 상록수를 쓰며 빨간 열매나 솔방울의 열매종류 및 초, 유리, 볼과 같은 오너먼트(ornament)를 이용하여 장식한다.

각국의 크리스마스 요리는 주로 칠면조이나 영국은 로스트 비프(roast beef), 프랑스는 양고기, 독일은 소시지(뼈 들어있는 것), 미국은 칠면조 등을 준비하는데 주로 값싸고 양이 많아 충분히 나눌 수 있는 것들을 준비한다.

14

서비스 매너와 테이블 매너

1 서비스 매너와 테이블 매너

푸드 코디네이터는 앞에서 다루었던 다양한 식문화 배경이나 푸드코디와 테이블세팅에 대한 전문지식과 함께 서비스 매너와 테이블 매너에 대한 지식도 갖추어야 한다. 다양한 식문화에서 형성된 식습관은 좀처럼 바뀌어지기 어려우나, 모든 사람이 즐겁게 식사를 즐길 때 어떤 규칙이 있다면 편리할 것이며, 이를 앎으로써 더욱 편안하고 유쾌한 식사시간이 될 수 있을 것이다. 기본적으로 요리의 맛은 요리사가 책임지며 식 공간 환경은 주인이 책임을 지겠지만 함께 하는 사람의 매너가 식사의 분위기와 질을 완성한다. 따라서 순백의 테이블보와 근사한 조명, 아름다운 음악과 맛있는 음식이 조화를 이루기 위해서는 푸드 코디네이션의 원칙과 지식 이외에 상대방을 배려하는 정성과 매너를 갖추어야 하며, 그랬을 때에 진정한 푸드 코디네이션이 완성된다 할 수 있겠다. 본 장에서는 푸드 코디네이터로서 또한 일반인으로서 알고 있으면 편리한 기본적인 서비스 매너와 테이블 매너를 요약하였다.

2 우리나라 테이블 매너

한식 상차림에서 식사 중에 지켜야 할 우리의 식사예절은 간단히 밝혔다. 여기서는 상차릴 때의 예절, 상 올릴 때의 예절 등을 보강하기로 한다.

1) 상차림의 예절
⑴ 상차림은 먹는 사람에게 편하도록 차린다.
⑵ 밥은 양성을 나타내어 먹는 사람의 왼쪽에, 국은 음성을 나타내어 오른쪽에 배치한다.
⑶ 간장, 고추장 등 기본 조미료는 상의 중앙이나 먹는 사람에게 가까이 배치한다. 개인용을 따로 놓기도 한다.

(4) 국물이 있는 음식은 오른손 쓰는 사람을 기준으로 손님의 오른쪽에 식지 않고 먹기 쉽도록 가깝게 놓고, 국물이 없는 음식은 멀리 놓는다.

(5) 부피가 얇고 작은 것은 가까이 놓고, 부피가 크고 많은 것은 멀리 놓는다.

2) 식사의 예절

식사 중의 예절은 한식 상차림을 참조한다. 그 밖의 식사의 예절은 다음과 같이 요약한다.

(1) 식사 전에는 손을 씻는다.

(2) 건네주는 물수건으로는 손만 닦도록 한다.

(3) 윗사람이 수저를 든 다음에 수저를 들며 식사의 보조를 맞춘다.

(4) 윗사람이 식사 중일 때 먼저 먹었다고 일어나서는 안 된다.

(5) 식사 중, 특히 물이나 음료를 마실 때 양치질 하는 소리를 내는 것은 실례이다.

(6) 음식을 먹을 때 입 안이 다른 사람에게 보이지 않도록 하며, 후루룩과 같은 소리를 내거나 뜨거운 음식을 불어 먹어도 실례이다.

(7) 몸을 뒤로 젖히고 젓가락을 높이 들어서 음식을 먹거나 혀를 내밀어 음식을 먹는것도 예의에 어긋난다.

(8) 웃어른이 질문하여 음식이 입에 있는데 말을 해야 할 때에는 먹던 것을 삼키고 나서 수저를 놓고 말한다.

(9) 식사 후에는 "잘 먹었습니다."하는 인사를 하는 습관을 익힌다.

3) 다과의 예절

전통적인 차를 마시거나 대접하는 예절은 복잡하고 까다롭기도 하다. 여기에서는 현대를 살아가며 흔히 접하게 되는 다과 받을 때나 준비할 때 서로 지켜야 할 예절을 요약해 보았다.

(1) 손님에게 차를 대접할 때는, 준비된 차의 종류를 말한 후 어떤 차를 원하는지의 의견을 묻는다.

(2) 탁자 위에 차를 올릴 때는 쟁반을 탁자 위에 먼저 내려놓고 두 손으로 찻잔 받침을 들어 손님에게 놓는다.

(3) 뒤편에서 손님에게 찻잔을 놓을 때는 손님의 왼쪽 뒤에서 앞쪽으로 놓는다. 오른쪽으로는 손님이 언제라도 움직이실 수 있기 때문이다.

(4) 찻잔의 손잡이는 손님이 바라보시는 쪽에서 오른쪽으로, 찻숟가락도 손잡이가 오른쪽으로 가도록 손님 쪽에 놓는다. 참고로 영국의 차 상차림에서 찻잔의 손잡이는 왼쪽으로 놓는다. 찻숟가락의 손잡이는 오른쪽으로 놓는다. 차를 마실 때에는 찻잔 손잡이를 오른쪽으로 하여 마신다.

(5) 손님이 차를 다 마시면 빈 잔은 오래 두지 말고 즉시 치운다. 쟁반을 탁자 위에 놓고 두 손으로 들어서 치운다.

(6) 손님의 바로 앞에서는 자신의 뒷모습을 보이지 않는다.

(7) 차를 다 마시면 반드시 고맙다고 인사를 한다.

(8) 찻숟가락으로 설탕이나 우유를 넣고 저은 다음에는 찻숟가락을 찻잔의 뒤에 놓는다.

(9) 설탕이나 우유를 담는 그릇의 뚜껑을 열 때는 뚜껑의 속이 바닥에 닿지 않도록 뒤집어 놓는다.

(10) 찻숟가락이나 찻잔이 부딪치는 소리가 나지 않도록 한다.

(11) 오른손으로 손잡이를 들고 왼손으로 찻잔 밑을 받치듯이 잔을 들고 마신다.

(12) 홀짝이는 소리가 나지 않아야 하며, 뜨겁다고 후하고 불거나 찻숟가락으로 마시지 않는다.

(13) 차는 맛을 보며 조금씩 마신다.

(14) 다 마시면 찻잔을 조금 뒤쪽으로 미뤄 놓으며 "잘 마셨습니다."라는 인사를 한다.

③ 서양의 테이블 매너

우선 교양인으로서 지켜야 할 양식 테이블 매너가 있으며 식탁에서 나타나는 매너는 그 사람의 인품과 성장과정을 알 수 있게 한다. 고급 레스토랑, 호텔, 연회장에서의 양식(洋食)요리에 쩔쩔매거나 매너에 무관심한 태도는 자신의 평가를 절하시키기도 한다. 국제화시대에 국제인으로 발돋움하기 위한 양식 테이블 매너를 익힐 필요가 있다. 매너의 기본은 요리를 즐기기 위한 것이다. 식사매너의 예를 들면 다음과 같이 합리적이고 과학적인 배경이 있다.

첫 째, 스테이크를 나이프와 포크로 한 입씩 잘라 먹는 이유는 처음부터 다 잘라 놓으면 고기가 식어 맛이 현저히 떨어지기 때문이다.

둘 째, 요리를 나이프로 찔러 입으로 가져가지 않는 이유는 입이 다칠 수 있기 때문이다.

셋 째, 냄새가 강한 향수나 머릿기름을 바르지 않고 가야 하는 이유는 와인이나 요리 고유의 향과 맛을 즐기는 데 방해가 될 수 있기 때문이다.

넷 째, 나이프와 포크를 사용할 때 쇠 부딪치는 소리를 내지 않는 이유는 소음이 주위의 분위기를 해칠 수 있기 때문이다.

다섯째, 의자에 앉을 때와 일어서 나올 때 왼쪽으로 움직여야 하는 약속은 옆 사람과의 접촉을 예방하기 위함이다.

다시 말해 식사 매너는 사람을 구속하는 것이 아니라 요리를 즐기기 위한 약속이라 할 수 있다.

1) 초청장의 복장 지정에 맞는 의상

(1) 화이트 타이(white tie) : 초청장에 복장이 화이트 타이(white tie)라 쓰여 있을 때 정식예복으로 격조 높은 디너파티나 리셉션에 입는다. 남성은 연미복, 여성은 이브닝드레스를 입고 참석한다. 정식 연미복은 흰색 나비넥타이, 흰색 조끼이며 와이셔츠는 흰색의 윙 칼라(wing collar)이고, 흰색 키드(염소가죽장갑)와 검은

양말, 에나멜 단화를 착용한다. 초청장에 복장이 이브닝드레스라 쓰여 있을 때에는 광택 나는 머리장식에 흰색의 긴 장갑, 이브닝 슈즈나 펌프스의 하이힐(옷과 같은 천이나 금은사로 짠)을 준비한다.

(2) 블랙 타이(black tie) : 초청장에 블랙 타이(black tie)라 쓰여 있을 땐 남성은 턱시도, 여성은 칵테일드레스를 입고 참석한다. 턱시도는 검은색 나비넥타이와 검은 양말, 검은색 에나멜 단화를 코디한다. 칵테일드레스에는 소매길이와 맞는 백색장갑, 구두는 옷과 같은 천 또는 금은사, 에나멜 등의 펌프스나 샌들 형으로 코디한다. 남성은 모닝코트, 여성은 세미 이브닝드레스, 디너 드레스를 입어도 좋다.

(3) 평상 정복차림 : 남성은 흰색 와이셔츠, 블랙슈트, 검은 양말, 검은색 단화로 코디하며, 여성은 원피스나 상하 한 벌의 흑색이나 차분한 색상의 옷으로 코디한다. 코사지와 같은 액세서리, 에나멜이나 헝겊 등의 펌프스나 샌들을 평상 정복차림과 함께 코디한다.

(4) 디너 파티에 참석할 때의 복장 포인트

- 미니스커트, 바지, 부츠는 착용하지 않는다.
- 짙은 립스틱, 향수, 머릿기름은 삼간다.
- 번쩍거리는 액세서리는 낮보다 밤에 사용한다.
- 모자나 스카프를 하고 참석치 않는다.
- 파티의 성격과 자신의 입장에 어울리는 옷차림을 한다.

2) 파티에 들어가기 전

(1) 가방 등 휴대품은 클로크룸에 맡긴다.

- 식사에 방해가 될 가방, 레인코트, 머플러, 카메라, 여성의 장식용모자 등은 클로크룸을 이용하여 맡겨놓는다. 여성은 간단히 핸드백만 소지한다.

(2) 파티 장소에 들어가기 전에 손을 씻는다.

파티장에 들어가기 전엔 먼저 화장실을 찾아가서 남성은 넥타이를 바로잡고 머리와 어깨의 비듬 등을 확인한다. 뜨거운 손이나 미지근한 손은 상대방에게 불쾌감을 줄 수 있으므로 찬물로 손을 씻는다. 여성은 립스틱을 다시 바르고 화장 상태를 확인한 후 옷매무새도 바로 잡는다.

3) 의자에 앉을 때의 자세

* 의자는 웨이터가 빼어 앉을 수 있도록 하고, 여성의 경우 남성이 도와준다.
* 앉을 때 의자와 테이블의 간격은 자신의 가슴과 테이블 사이 약 10~15cm로 주먹 하나 들어갈 정도가 적당하다.
* 의자를 너무 빼면 먹을 때 허리가 굽고, 너무 가까이 앉으면 양팔꿈치가 벌어져 보기 흉하다.

4) 핸드백 놓는 위치

* 핸드백은 행거를 이용하여 테이블 위에 걸어 두거나 의자의 등받이와 자신의 등 사이에 놓는다. 장갑은 앉은 후 핸드백 안에 보관한다.

5) 풀코스의 메뉴에는 다음의 10가지가 있음을 알아둔다.

	코스요리	주류	비고
1	오르되브르 (프, 영)hors-d'oeuvre	셰리나 샴페인 등	적은 양의 요리(식욕증진) ex) 카나페, 생굴, 피클, 캐비아, 훈제연어 등
2	수프 (프)soupe, (영)soup		콩소메(맑은수프 : 포타주 · 크레루) 포타주(진한수프 : 포타주 · 리에)
3	생선요리 (프)poisson, (영)fish	백포도주 (5~10℃, 차게)	생선을 찌거나 버터구이한 것(조개류 포함), 담백한 맛
4	육류요리 (프)entrée (영)entree	적포도주 (실온 17~20℃)	양식코스의 중심, 쇠고기, 닭고기, 오리고기, 양고기 등
5	소르베 (프, 영)sorbet		다음 나올 요리를 위한 입가심용으로 먹는것, 술이 들어간 빙과자로 보통 셔벗으로 대용
6	로스트 (프)roti(로띠), (영)roast		디너의 클라이맥스, 치킨이나 오리로스트 (풀코스에서 생략되는 경우가 많다)
7	샐러드 (프)salade, (영)salad		보통 찜, 로스트요리에 따라 나온다.
8	디저트 (프)entremets(앙뜨르메) (영)dessert		단 과자나 아이스크림, 젤리 등
9	프루츠 (프)fruits, (영)fruit		멜론, 딸기, 바나나, 파인애플 등
10	커피 (프)cafe, (영)coffee		보통 컵의 반 정도 되는 작은 데미타스 컵으로 서브된다.

6) 파티의 목적을 잊지 않는다.

파티장에 미리 도착, 자신의 입장 및 역할을 재확인하며 적절하지 않은 말은 조심하도록 한다.

7) 착 석

레스토랑이나 초대된 집에 가면 입구에서 안내해주기를 기다리고, 테이블에 앉을 때에는 의자의 왼쪽으로 앉는다.

8) 건배는 글라스를 눈높이만큼 올린다.

건배를 할 때는 자리에서 일어나 샴페인 또는 와인글라스의 다리 부분을 오른손으로 잡는다. 건배 제의가 이루어지면 글라스를 일단 눈높이만큼 올린 후 마신다. 이때 술을 먹지 못하는 사람은 건배 시 입을 대는 시늉만 한다. 앉으면서 술이 쏟아질 수 있으므로 자리에 앉기 전에 먼저 잔을 테이블 위에 올려 놓는다.

9) 냅킨 사용 방법

냅킨은 좌중의 전원이 착석 후 첫 요리가 나오기 직전에 펴며, 이때 반으로 접어 접혀진 쪽이 안으로 놓이도록 무릎 위에 올려 놓는다. 세팅되어있는 냅킨을 털듯 펴지 않도록 주의한다. 식사 전 기도나 건배 제의 시 냅킨을 펴지 않는다. 식사 중 잠시 자리를 비울 땐 냅킨을 접어 의자 위에 올려 놓는다. 테이블 위에 냅킨을 올려놓고 자리를 비우는 것은 식사가 끝났음을 나타낸다. 냅킨은 옷에 음식을 흘리는 것을 막기도 하지만 식사 후 입을 닦을 때도 사용한다. 입 주위에 묻은 음식을 혀로 닦거나 여성이 너무 세게 입을 닦아 립스틱이 번지는 것은 실례이다. 꼬치요리는 냅킨을 잡고 먹을 수 있고 생선 뼈 등을 뱉을 때도 냅킨을 사용할 수 있다.

- 냅킨의 잘못된 사용
- 불필요하게 만지거나 안경 등을 닦지 않는다.
- 얼굴의 땀을 닦지 않는다.
- 코를 풀지 않는다.
- 기내식 등 편의를 위할 때를 제외하고는 가슴에 걸지 않는다.
- 음식물을 잘 흘리는 아이들은 목에 가볍게 묶어주어 사용한다.
- 냅킨을 떨어뜨리지 않기 위해 허리띠에 걸어 사용하지 않는다.

10) 손의 위치

프랑스식은 손을 테이블 위에 항상 놓고 있고, 영국식은 밑에 놓는다. 테이블 위에 놓고 식사를 할 때에는 팔꿈치를 괴지 않도록 조심한다.

11) 전채요리

(1) 전채요리는 식욕 촉진제로서 프랑스에서는 오르되브르(Hors do´euvre)라 하며 영·미에서는 에피타이저(Appetizer)라고 한다. 다음에 나오는 생선 및 육류요리를 즐기기 위해 조금만 먹어야 한다.

(2) 웨이터는 크고 널찍한 접시에 여러 사람이 먹을 수 있는 양을 가져 나온다. 각자 자신이 먹을 만큼 덜어 먹으며, 덜기가 힘든 음식일 경우 웨이터에게 도움을 요청한다.

(3) 자신의 접시를 들어 음식을 받는 것은 실례이다. 세팅되어 있는 실버웨어 중 가장 바깥쪽에 놓여있는 것이 전채요리용 포크와 나이프이다. 파슬리, 셀러리, 카나페 등은 손으로 먹을 수 있다.

(4) 요리는 나오는 대로 먹기 시작해도 좋다. 동양적 사고방식으로는 여러 사람이 식사를 할 때 모든 요리가 다 나오기 전에 먼저 먹는 것은 예의에 어긋나는 것으로 생각하지만, 서양요리에서는 요리가 나오는 대로 바로 먹기 시작하는 것이 매너이다. 서양요리는 뜨거운 요리든 찬 요리든 가장 먹기 좋은 온도일 때 서브되고, 좌석배치에 따라 상석부터 제공되기 때문이다. 따라서 온도가 변하기 전에 먹는 것이 예의이면서 또한 제 맛을 즐길 수 있는 하나의 요령이다. 그러나 특히 윗분의 초대를 받았거나 4~5명이 식사를 함께 하는 경우에는 요리가 전부 나오는 데 그리 시간이 걸리지 않으므로 조금 기다렸다가 윗분이 나이프와 포크를 잡은 후에 함께 식사를 하는 것이 좋다.

12) 나이프와 포크의 사용법

(1) 왼손에 포크, 오른손에 나이프를 갖고 음식의 왼쪽 끝에서 한입 크기로 잘라 먹는다. 이때 나이프는 안정감 있게 깊게 잡으며 나이프로는 절대 음식을 찍어 먹지 않는다.

(2) 콩 등 집기가 힘든 음식은 포크를 오른손으로 옮겨 짓이겨 떠 먹을 수 있다.

(3) 식사 중에는 포크의 끝이 바닥을 향하게 하고 나이프의 날이 자신쪽을 향하도록 하며, 반대의 경우는 식사가 끝났음을 표시한다.

(4) 식사 중 나이프와 포크를 접시 위에 놓는 세 가지 방법

- 포크의 끝이 밑을 향하게 하여 나이프와 교차 시켜 접시의 테두리에 손잡이를 올려 놓는다 .
- 포크와 나이프를 접시의 양편에 분리하여 손잡이가 테이블에 닿도록 놓는다.
- 포크와 나이프의 손잡이 부분만 접시 밖으로 빼어 테이블과 떨어지게 놓는다.

13) 수프를 먹는 법

(1) 일반적으로 음료수와 술은 오른쪽에서 서브되고 요리는 왼쪽에서 서브된다. 수프는 왼쪽에서 서브되는 요리이므로 마시지 않는다.

(2) 수프는 1인분씩 서브하면 빨리 식기 때문에 튜린(뚜껑이 달린 그릇)에 수인분씩 서브되며 레이들(국자)을 이용한다. 두 번 정도의 양을 덜어 먹는다. 오르되브르와 마찬가지로 웨이터에게 도움을 청할 수 있다.

(3) 수프를 먹을 때 자기 앞쪽에서 바깥쪽으로 하여 떠 먹는 것은 미국식이며 반대로 바깥쪽에서 앞쪽으로 먹는 것은 유럽식이다.

(4) 다 먹은 접시에 스푼을 그대로 올려놓으며 손잡이는 오른쪽을 향하게 한다.

(5) 먹고 싶지 않을 땐 빈 접시에 수푼을 뒤집어 놓는다.

(6) 수프는 소리 내지 않고 먹는다.

(7) 손잡이 컵은 손으로 쥐고 마신다.

손잡이가 달린 컵에 수프가 나오면 스푼을 이용하여 뜨거운지 확인하고 양쪽 손
잡이를 잡아서 마신다. 한 손으로 컵을 들고 스푼으로 떠먹지 않는다.

(8) 크래커와 크루통은 수프 위에 뿌려 곁들인다.
- 크래커(craker) : 딱딱하게 구운 얇은 비스킷
- 크루통(cruton) : 굽거나 튀긴 빵의 작은 조각

14) 빵 먹는 법

(1) 빵은 요리의 맛이 남아있는 혀를 깨끗이 하여 미각에 신선미를 주기 위해 먹는
다. 빵은 처음부터 테이블 중앙에 롤빵이나 프랑스빵이 2~4인분 정도 바구니에
세팅되기도 하지만 수프가 끝나면 제공되기도 한다. 빵은 요리와 함께 먹기 시작
해 디저트를 먹기 전가지 먹는다.

(2) 빵은 손으로 뜯어 먹는다.

(3) 수시로 먹을 수 있기에 한번에 많은 양을 가져가지 않아야 하며, 한입에 먹지 않
는다.

(4) 점심과 저녁 식탁의 빵에는 버터만 제공되는 것이 정식이므로 잼을 요구하지 않
도록 한다. 1인용 버터가 아닌 경우에는 버터도 먹을 만큼의 양을 자신의 접시에
덜어 먹으며, 빵에 버터를 한꺼번에 발라 먹지 않는다.

(5) 빵은 메인 디시 왼쪽의 것이 자신의 것이며, 둥글거나 긴 테이블에서 식사할 경
우에는 오른쪽에 있는 빵접시를 잘못 사용하는 실수를 하지 않도록 주의한다.
빵접시를 중앙에 갖다 놓거나, 자신의 앞으로 옮겨 먹지 않는다.

(6) 빵은 나이프로 자르지 않는다. 여성에게 먼저 건네는 것이 매너이다. 빵을 손으
로 자르다 보면 빵 부스러기가 떨어지기 쉬우므로 되도록 빵접시 위에서 자르도
록 하고, 테이블 위에 부스러기가 떨어졌어도 손으로 털어내지 않는다.

15) 요리의 소스 이용법

(1) 국물이 있는 요리를 제외하면 생선이나 스테이크는 소스를 곁들여 먹으며 소스가 나온 후 요리를 먹는다.

(2) 소스는 웨이터가 서빙할 때 자신의 요리에 직접 얹는 것이 정식이다.

(3) 묽은 소스는 요리 위에 직접 얹으며 진한 소스는 접시의 빈자리에 부어 놓는다.

16) 식사하는 속도

(1) 식사하는 속도는 너무 짧지도 길지도 않게 주위사람과 맞춰야 하는데, 이는 먹는 동안 주위 사람들과 대화를 나누다 보면 무난히 조정할 수 있다.

(2) 자신이 식사의 주빈(主賓)이 되면 주위의 상황을 보면서 적절히 식사자리를 이끈다.

(3) 식사 중 나는 소리에 주의하며 먹는 소리나 식기가 부딪치는 소리가 나지 않도록 조심한다.

17) 생선요리 먹는 법

(1) 생선요리에는 레몬즙을 뿌린다.
    생선의 담백한 맛을 돋보이게 하고 비린내를 없애준다.

(2) 레몬의 형태에 따른 이용법

• 원형 절단 레몬 : 포크로 한쪽을 눌러 레몬을 고정시킨 후 나이프 몸체 부분으로 가볍게 눌러 즙을 낸다. 이때 생선이 부서지지 않도록 한다.

• 4등급 반달형 레몬 : 오른손으로 레몬을 쥐고, 왼손으로 레몬즙이 다른 사람에게 튀지 않도록 막으면서 짠다. 레몬을 짠 후 냅킨에 손을 닦는다.

(3) 생선가시 처리법

• 입안에서 혀로 일단 가시를 가려 포크로 받은 후 접시에 놓는다.

• 뱉거나 손가락으로 집어내지 않는다.

- 이빨 사이에 낀 큰 가시는 냅킨으로 입을 가리고 엄지와 집게손가락으로 집어 낸다.

(4) 생선은 뒤집지 않는다.

뫼니에르처럼 통째로 구워진 생선요리가 나오면 포크로 머리부분을 단단히 누른 다음 나이프로 머리 등쪽에서부터 포를 뜨듯 살 부분만 도려내어 도린 분분을 자신의 앞쪽으로 옮겨 놓은 후 먹는다.

- 뫼니에르(meuniere) : 밀가루를 묻혀 버터에 구운 생선요리

- 생선 위쪽을 다 먹은 후 뒤집지 말고 그대로 나이프를 이용하여 뼈를 발라 낸 후 뼈는 왼쪽 위쪽에 가지런히 놓아두고 아랫부분을 먹는다.

18) 대 화

식탁에서 주위사람과 취미, 가정생활 등 가벼운 주제로 대화를 나눈다. 다같이 관심과 흥미를 갖는 공통적인 것을 화제로 대화한다. 처음은 좌우 옆의 사람과 대화를 나누며 점차 넓은 범위의 사람과도 얘기를 나눈다.

● 식탁에서 피하면 좋은 대화
- 지나친 정치나 종교 이야기 : 싸움투의 논쟁이 될 수 있다.
- 외설, 잔혹한 이야기 : 식사자리에 걸맞지 않는다.
- 병에 대한 이야기 : 어두운 분위기로 전환될 우려가 있다.
- 요리에 대한 불평 : 다른사람의 식욕을 달아나게 한다.

19) 스테이크

스테이크는 절반을 자른 후 왼쪽부터 잘라 먹는다. 스테이크를 한 번에 잘게 잘라 놓은 후 먹는 것은 미국식이며 고기가 빨리 식는다. 닭다리가 나와도 들고 먹지 않는다.

20) 감자, 당근, 파슬리, 크로아상

(1) 스테이크와 같이 나오는 감자, 당근, 파슬리, 크레손 등 포크로 찌르기 어려운 것은 손으로 집어 먹지 않고 떠 먹는다.

(2) 콩과 같이 포크로 먹기 힘든 음식은 빵이나 나이프를 이용하여 으깨어 떠 먹을 수 있다.

(3) 파슬리와 크레손은 장식품이 아닌 특유의 쓴 맛으로 고기나 생선의 맛을 한층 높여주는 음식이다.

21) 샐러드와 스테이크

(1) 스테이크와 샐러드는 같이 먹지 않으며 고기와 번갈아 먹는다. 샐러드는 고기요리를 먹을 때에 중간이나 나중에 나오는데, 잎이 큰 것은 접어서 먹는다. 요즈음 나이프로 잘라먹기도 하지만 정식으로 샐러드를 먹을 때에는 커팅하지 않는다.

(2) 크림(또는 마요네즈)과 같은 진한 소스는 샐러드에 직접 뿌려 먹지 않고, 접시 한쪽에 부어 놓은 후 먹을 때마다 찍어 먹는다.

(3) 두 가지 이상의 소스는 섞어 먹지 않는다.

(4) 샐러드, 고기, 선 등에 치는 소스, 마요네즈류 등을 드레싱이라 한다.

　　ex) 프렌치 드레싱, 마요네즈 드레싱, 사우전드 아일랜드 드레싱

22) 식전주

(1) 식전주는 타액이나 위액의 분비를 활발하게 만드는 자극적인 것이 좋으며, 식욕을 촉진하기 위해 찬 것이 준비되는 경우가 많다. 차게 마시는 식전주의 경우 글라스를 감싸듯 잡으면 체온으로 인해 술의 온도가 변화하고 술의 아름다운 빛깔도 볼 수 없게 되므로, 글라스의 목부분(Stem)을 잡도록 한다.

(2) 식전에 마시는 와인은 아페리티프(aperitif)라 한다.

(3) 대표적인 식전주에는 셰리(Sherry)주가 있다. 셰리주는 스페인산 백포도주이며, 맛이 담백하고 다소 곰팡내가 나는 듯하다. 스페인에서는 셰리와인을 헤레스(Jerez)라고도 하는데, 이는 주생산지인 헤레스 렐라 프론테라(Jerez de la Frontera)지방의 이름에서 따온 것이다. 셰리주에는 크림 셰리(Cram sherry)

와 드라이 셰리(Dry sherry)가 있는데 크림 셰리는 여성에게, 드라이 셰리는 남성에게 각각 잘 어울린다.

(4) 정식만찬에서 베르무트(Vermouth)를 셰리주와 함께 식전주로 마신다. 베르무트는 백포도주에 여러 가지 약초와 향초 등을 가미한 것으로 드라이(Dry)한 프랑스 베르무트와 약간 달짝지근(Sweet)한 이탈리아 베르무트가 있다.

(5) 식전용 칵테일 : 선호하는 칵테일을 정해 두지 않았다면 남성의 경우엔 마티니, 여성의 경우엔 맨해튼이 적당할 수 있다. 또한 키르(Kir) 혹은 키르로얄(KirRoyale)이라는 칵테일은 겨자(Mustard)생산지로 유명한 프랑스 디종시의 키르 라는 시장(市長)의 이름에서 따온 것으로, 그가 처음 만들어 마시기 시작한 데서 유래되었으며 최근 인기를 얻고 있다. 키르는 크림 드카시스(Creme de Cassis)라고 하는 리큐어에 백포도주를 혼합한 것이고 키르로얄은 삼페인을 혼합한 것이다. 식전주로 칵테일을 낼 경우에는 올리브나 체리, 레몬 등을 글라스 가장자리에 장식하기도 하며 이는 먹어도 된다. 장식 핀에 끼워져 있으면 장식 핀을 이용해 먹도록 한다. 레몬 등은 손으로 집어 먹어도 된다.

(6) 식전의 위스키 : 위스키는 원래 식후주이나 최근에는 식전에 마시는 경우가 많다. 위스키는 알코올 함유량이 80~95%로 높으므로 물이나 소다수로 희석하여 마시도록 한다. 위스키 알코올 함유량 80%는 도수로는 40도이다.

(7) 기타 식전주 : 마가리타(Margarka), 캄파리(Campari), 듀보네(Dubonet), 삼페인 등이 있다.

(8) 식전주는 한두 잔 정도로 내도록 하며 식사 전에 너무 마셔 취하는 일이 없도록 한다. 술을 마시지 못하는 사람은 식전주를 다함께 마실 때에 그냥 앉아 있는 것보다 진저엘이나 주스 등을 마시는 것이 예의이다.

23) 와인 등 음료 즐기는 법
(1) 웨이터가 음료(와인, 맥주, 물 등)를 서브할 때는 글라스를 잡지 않고 테이블에

그대로 놔둔다. 연장자가 따를 때 글라스 다리를 잡고 다른 한 손으로 아래를 받쳐서 한국식의 예를 갖추는 것이 좋다.

(2) 와인이나 샴페인 등을 마실 때 잔의 다리를 잡고 마시면 체온으로 맛이 덜 해지는 것을 막을 수 있다.

(3) 고개를 뒤로 젖혀 마시거나 단번에 들이키지 않는다.

(4) 식사 중에는 취하지 않게 주의한다.

(5) 옆사람이 권할 때 사양하는 것은 실례가 아니다. 글라스의 위를 가볍게 덮는 제스처는 사양의 뜻이다.

(6) 받은 술은 마시는 것이 예의이므로 잔에 술을 남기고 자리를 뜨지 않는다.

(7) 식전에 마시는 와인을 아페리티프(aperitif)라 한다면 식사 중에 마시는 와인은 테이블와인이라 한다.

(8) 와인은 병이나 잔으로 서브된다.

(9) 입안에 음식물이 들어있을 때 마시는 와인은 개운함이 덜하다.

(10) 와인을 마시기 전 냅킨을 이용하여 입술 언저리를 가볍게 닦아 와인 글라스에 립스틱이나 로스트의 기름기, 소스 등이 묻는 것을 피한다.

(11) 글라스에 이물질이 묻었을 땐 엄지와 검지를 이용하여 가볍게 닦은 후 냅킨으로 손을 닦는다.

(12) 와인을 마시는 3단계
- 1단계 : 와인과 산소가 결합하면 맛이 더욱 좋아지므로 와인잔을 가볍게 흔든다.
- 2단계 : 코로 냄새를 맡으며 와인의 향을 느낀다.
- 3단계 : 한 모금 마신 후 입안에서 와인을 혀로 굴려 맛을 음미한다.

24) 소르베

(1) 소르베는 디저트가 아니며 스테이크를 다 먹고 로스트요리가 나오기 직전에 서브되는 요리로 이제까지의 고기맛을 없애고 입안을 개운하게 한다.

(2) 소르베나 아이스크림은 잔의 다리를 잡고 형태가 망가지지 않도록 자기 앞쪽에서부터 먹는 것이 좋다.

25) 디저트

(1) 디저트(dessert)는 크게 단것과 치즈를 재료로 해서 만든 세이보리 그리고 과일이 있다.

(2) 단것에는 찬 아이스크림과 더운 푸딩이 있다.

아이스크림에 나오는 웨하스는 찍어 먹지 않고 찬 아이스크림으로 입안이 얼얼할 때 중간 중간 따로 먹는다.

(3) 아이스크림은 옆부분 밑에서부터 모양이 흐트러지지 않게 먹는다.

26) 핑거볼 이용법

(1) 핑거볼(finger bowl)은 후식으로 과일이 나오기 전에 같이 나오며 양손을 동시에 넣고 씻지 않는다.

(2) 과일을 먹는 동안 손에 과일즙이 묻으면 한 손씩 손 끝부분만을 가볍게 튀기듯 씻어 내고 냅킨을 이용하여 물기를 제거한다.

(3) 냄새를 없애기 위해 레몬 조각을 띄우기도 하나 절대로 마시지 않는다. 한편 옛날 영국 여왕이 외국 손님을 저녁 만찬에 초대했을 때 일어났던 유명한 이야기가 있다. 손님은 핑거볼의 물이 마시는 물인줄 알고 그만 마셔버렸는데 여왕은 손님이 당황해하지 않도록 따라서 핑거볼의 물을 같이 마셨다. 그때 영국 여왕은 진정한 테이블 매너를 지켰다고 할 수 있다.

27) 바나나 먹는 법

(1) 보통 양끝이 잘려서 나오지만 그렇지 않을 경우 양끝을 자른다.

(2) 나이프와 포크로 껍질을 벗긴다.

(3) 왼쪽부터 한입씩 잘라서 먹는다.

(4) 다 먹은 후 껍질을 다시 말아 놓는다.

(5) 껍질을 조금만 벗겨서 손으로 들고 먹지 않는다.

28) 포도나 귤 먹는 법

(1) 포도나 귤 먹는 법은 흔히 하듯 귤은 손으로 벗겨 먹고 다 먹으면 귤의 꼭지가 위로 오도록 껍질을 오므린다.

(2) 포도는 한 알씩 손으로 먹으며 거봉과 같은 큰 알은 자신의 접시 가운데서 껍질을 벗겨 먹는다.

(3) 이때 씨는 주먹 쥔 모양으로 손을 입에 대고 가볍게 뱉어 접시 위 한곳에 모아 놓는다.

29) 커피잔 손잡이 방향

(1) 커피를 낼 때는 손잡이를 왼쪽으로, 티스푼의 손잡이를 오른쪽으로 한다.

(2) 각설탕이나 크림은 흘리지 않도록 넣고 알맞게 저은 후 컵의 뒤쪽으로 숟가락을 놓으며 손잡이를 오른쪽을 돌려 오른손으로 들고 마신다.

(3) 접시는 놓고 마시며 왼손으로 접시를 들지 않는다.

30) 자리를 뜰 때

(1) 커피가 서브되면 무릎 위의 냅킨을 대강 접어 테이블 위에 놓는다.

(2) 일어설 때는 의자를 뒤로 빼고 왼쪽으로 나온 후 테이블 밑으로 밀어 넣는다.

④ 레스토랑에서 식사할 때 매너

1) 고급 레스토랑은 예약을 하고 간다.
(1) 예약할 때는 인원수, 일시, 예약자 이름, 희망사항 등을 말한다.
(2) 대략적인 식사 금액을 물어보거나 예약금을 미리 지불하는지 확인한다.

2) 만날 장소는 구체적으로 정한다.
(1) 식사하는 곳의 로비가 바람직한 장소이다.
(2) 약속시간은 정확히 준수한다.

3) 고급 레스토랑은 지정석 제도이다.
• 조용한 자리, 창가의 자리 등 웨이터의 질문(식사인원, 예약여부)에 정중히 대답한 후 희망사항을 말한다.

4) 안으로 안내를 받을 때는 웨이터, 여성손님, 남성손님의 순서가 바람직하다.
(1) 웨이터가 없을 때에는 남성손님이 앞장 선다.
(2) 웨이터가 권하는 자리가 상석이며 여성이 앉고, 여성손님이 앉을 때는 웨이터나 남성손님이 의자를 빼준다.
(3) 남성은 여성의 의견을 수렴하여 주문하며, 여성이 먹는 속도에 맞추어야 한다.
(4) 실제로는 여성이 식사요금을 계산할 입장이라도 그 자리에서는 남성이 계산해야 하며, 보통 음식요금의 10~15%의 팁을 준다.

5) 좌석 배치

5△	3○	△주빈	호스트	2△	4○	6△
			테 이 블 (table)			
6○	4△	2○	호스테스	주빈○	3△	5○

○:남자손님, △:여자손님

(1) 좌석 배치는 호스트와 호스테스를 중심으로 주요 손님이 앉는다.

- 부부 간에는 나란히 앉지 않는 것이 관행이며, 남녀가 섞어서 앉는다. 신혼부부
는 예외로 나란히 앉는다.

(2) 호스트와 호스테스가 자리를 권하면 사양하지 않는 것이 자연스럽다.

(3) 남성은 자신의 오른쪽에 앉은 여성에 대하여 의자를 빼어 도와주는 등 호스트
역할을 맡게 된다.

(4) 웨이터가 최초로 의자를 빼어주는 자리가 가장 상석이며 주빈이 앉는다.

(5) 쇼를 보는 데 편하거나, 통로나 입구에서 떨어진 자리, 창 밖 경치가 잘 보이는
자리 등이 좋은 자리다.

6) 풀코스 메뉴 주문

(1) 메뉴의 내용을 몰라도 쭉 훑어보는 것이 예의이다.

결정을 하지 못하면 식전주를 주문해 놓고 여유를 갖는다.

(2) 식사의 분류 세 가지

① 정식(Table d' hote, Full Course) : 일품요리에 대칭되는 식사 구성으로 메뉴
내용에 따라 A 코스, B 코스 등의 정식코스로 구분된다.

② 일품요리(A la carte) : 아 라 카르트는 일품요리를 지칭하는 말로 풀코스요리
중 먹고 싶은 요리만 몇 가지 선택해서 주문하는 것을 말한다. 고객의 기호에
따라 메뉴를 선택한다. 대체로 가격이 비싸다.

③ 특별요리(Plat du Jour, Special menu) : 고기요리를 중심으로 선택되는 오늘
의 특별요리이다.

7) 모르는 메뉴는 웨이터에게 묻는다.

(1) 옆 테이블의 메뉴를 엿보고 주문하는 것은 실례이다.

(2) 평소 메뉴에서 자신이 좋아하는 한두 가지 요리이름을 알아둔다.

8) 스테이크를 주문할 때는 굽는 정도를 말한다.

(1) 레어(rare) : 살짝 굽는 정도. 표면만 갈색이고 고기의 중심부가 붉은 상태이다.

(2) 미디엄(medium) : 중간 굽는 정도. 표면은 완전히 구워지고 고기 중심부에 붉은 부분이 조금 남아있다.

(3) 웰던(welldone) : 바싹 굽는 정도. 바싹 구워 표면은 완전히 갈색이며, 속까지 잘 구워진 상태이다.

〈고기 익힘 정도〉

레어(rare)	미디엄(medium)	웰던(welldon)

미디엄레어   미디엄웰던

9) 브런치 메뉴

(1) 오전 10시 이후 12시 사이에 하는 식사로 breakfast와 lunch의 합성어 : 주스·커피, 가벼운 요리(햄이나 치킨류, 양이 적은 스테이크), 롤빵이나 크로아상이 나온다.

(2) 알코올류는 원칙적으로 마시지 않으나 마시고 싶다면 과일주 정도가 적당하다.

10) 계 산

(1) 계산은 테이블에서 하는 것이 정식이다. 계산서를 주의깊게 살펴본 후 돈을 캐시트레이에 담고 계산서를 덮어 웨이터에게 건넨다.

(2) 팁은 식사금액의 10~15%가 표준이다. 계산서 내역에 '서비스란' 이 있으면 별도로 팁을 줄 필요는 없다.

⑤ 어려운 상황 대처

(1) 와인 글라스를 넘어뜨렸을 때 : 당황하지 말고 잔을 세운 후 웨이터를 부른다.

(2) 나이프나 포크를 떨어뜨렸을 때 : 남녀가 같이 자리를 할 때 여자가 떨어뜨렸으면 남자가 대신 웨이터를 부른다. 떨어진 것을 직접 주우려다 또 다른 실수를 할 수 있다.

(3) 소스를 테이블보에 흘렸을 때 : 무시하고 식사를 계속해도 된다. 손수건으로 닦아내려 하지 않아도 된다.

(4) 디너 시간에 늦게 참석했을 때 : 부득이 늦게 도착하면 밖에서 종업원에게 식사의 진행 상황을 물어서 다른 사람과 맞추어서 미리 메뉴 서브를 부탁하면 된다.

(5) 나이프와 포크의 사용 순서가 엇갈렸을 때 : 나이프와 포크는 놓여진 상태에서 밖에서부터 순서대로 사용하게 되어있다. 잘못 사용하고 있으면 쓰던 것을 제대로 놓고 제 순서대로 맞는 것을 사용한다. 웨이터가 다 먹은 접시를 가져갈 때 말하면 새것으로 가져와 제 위치에 놓아준다.

(6) 요리가 먹기 싫어 남기고 싶으면 무리하게 다 먹을 필요는 없다. 옆사람이 식사를 마칠 때쯤 남은 것을 보기 좋게 모아두면 된다. 포크와 나이프는 접시 위에 나란히 올려 놓는다. 자신이 특별히 주문했거나 떠온 음식은 남기지 않는다.

(7) 트림이 나올 듯 할 때 : 구미인들은 트림하는 것을 방귀 이상으로 아주 상스럽게 생각하기 때문에 가능한 나지 않도록 하고, 부득이 트림을 하였을 때에는 조그만 소리로 사과한다. 반면에 중국 사람들은 식사에 초대 받으면 일부러 트림을 하는데, 이는 잘 먹었다는 뜻이다.

(8) 콧물·재채기가 나오려고 하면 손수건을 꺼내 콧등을 가볍게 누르는 듯 코를 훔쳐내고 재채기가 나려 할 땐 냅킨으로 입을 가리고 소리를 줄이며 침이 튀어 나

오지 않도록 한다. 코를 들이마시거나 풀지 않는다.

⑼ 남의 실수를 보고 옆에서 크게 반응을 보이는 것은 실례이나 상황에 따라 너무 무관심한 것도 오히려 실례가 된다. 상대가 당황할 때는 도움말을 주거나 거들어 주는 것이 좋은 방법이다.

⑽ 테이블 세팅은 각기 나름의 이유와 합리성이 있기 때문에 그릇을 이동시키면 다음 요리가 나올 때 방해가 될 수 있다.

⑾ 입안에 음식을 넣은 채 말하지 않는다. 남에게 말을 걸 때도 상대가 음식을 먹고 있을 때는 피한다. 대화 시 입안의 음식을 보이는 것은 좋지 않으며 자신이 음식을 먹고 있을 때 말을 걸어오면 기다려 달라는 양해를 구한다.

⑿ 나이프나 포크를 든 채 말하지 않는다. 대화를 나눌 때는 입안의 음식을 다 먹은 후, 나이프와 포크는 접시 위에 올려 놓은 후 보통 음성으로 이야기한다.

⒀ 식사 중 자리 뜨는 것을 삼간다. 부득이한 경우에는 주위 사람에게 실례를 구한다.

⒁ 입안에 들어간 음식을 다시 내놓는 것은 식사 중에 침을 뱉거나 트림하는 것과 같이 엄청난 실수로 여겨진다.

　① 처음 입에 넣었을 때 맵거나 뜨겁다 하더라도 될 수 있으면 삼킨다.
　② 고기가 질기거나 가시가 씹혀도 조심하며 될 수 있으면 그냥 먹는다.
　③ 삼킬 수 없는 큰 뼈나 과일씨는 냅킨을 이용하여 뱉어낸다.

⒂ 소금, 후추 등이 자기로부터 멀리 있을 때는 옆사람에게 정중히 부탁을 하고 사용 후에는 제자리에 갖다 놓는다.

〈레스토랑에서의 식사 매너〉

〈레스토랑에서의 식사 매너〉

구난숙 외, 세계속의 음식문화, 교문사, 2001

김수인, 푸드코디네이트 개론, 한국외식정보, 2004

미미쿠퍼·앨린 매튜·안진환 역, 컬러스마트, 오늘의 책, 2000

양향자, 푸드 코디네이터 길라잡이, 크로바출판사, 2004

윤복자, 테이블세팅 디자인, 다섯수레, 1996

에드매카시 외·최복천 역, 그윽한 향기의 와인 즐기기, 펀앤런북스, 1996

조은정, 오늘부터 따라 할 수 있는 테이블 데코, 쿠겐, 1999

한정혜, 만화로 배우는 테이블 매너, 김영사, 1996

황규선, 아름다운 식탁, 중앙, M&B, 2000

황재선, 푸드 코디네이션, 교문사, 2003

황재선, 푸드 스타일링 & 테이블 데커레이션, 교문사, 2004

황지희 외 2인, 푸드 코디네이터학, 도서출판 효일, 2002

Marianne Muller et al Great napkin folding and table setting Sterling Publishing Co., NY, 1990

Taizo Hirano, 과일자르기·디저트. 종이나라, 2002

◈ 저자소개

이화여자대학교 식품영양학과(학사)
이화여자대학교 대학원 식품학 전공(석사)
(미) 켄사스주립대학교 식품학 전공(Ph.D.)
현 용인대학교 식품영양학과 교수

개정판

푸드 코디네이션 개론

2004년 8월 10일   초 판 발행
2006년 5월 11일   개정판 발행
2009년 1월 30일   개정2쇄 발행
2014년 2월 24일   개정3쇄 발행

저   자 • 김 혜 영
발 행 인 • 김 홍 용
발 행 처 • 도서출판 효 일
주   소 • 서울시 동대문구 용두2동 102-201
전   화 • 02)928-6644
팩   스 • 02)927-7703
홈페이지 • www.hyoilbooks.com
e-mail • hyoilbooks@hyoilbooks.com
등   록 • 1987년 11월 18일 제 5-90호

무단복사 및 전재를 금합니다.

정가 22,000원

ISBN 978-89-8489-120-3